U0228174

群体智能算法的理论基础

黄翰 郝志峰 编著

清华大学出版社

北京

内 容 简 介

群体智能算法是一类源于自然现象与社会规律启发的智能算法，是当前人工智能方法的重要组成部分。本书从群体智能算法的基本特征入手，介绍了常见的群体智能算法及其理论基础研究的三大内容：数学模型、收敛性与时间复杂度，详细阐述了粒子群优化算法、蚁群优化算法、头脑风暴优化算法、鸽群优化算法与烟花算法的数学模型、收敛性分析与时间复杂度分析等研究结果。为了方便读者开展算法理论分析的实践，部分章节提供了配套实用软件的使用案例。

本书适合从事智能优化、进化计算、计算智能、管理科学与应用数学领域研究的科技工作者与研究生阅读，也可以作为智能算法应用工程师的辅助工具书。

图书在版编目 (CIP) 数据

群体智能算法的理论基础 / 黄翰，郝志峰编著.
北京：清华大学出版社，2024. 8. -- ISBN 978-7-302
-67137-4
　　Ⅰ. TP18
　　中国国家版本馆 CIP 数据核字第 2024L183D7 号

责任编辑： 陈凯仁
封面设计： 刘艳芝
责任校对： 赵丽敏
责任印制： 宋　林

出版发行： 清华大学出版社
　　　　　　网　　　址：https://www.tup.com.cn, https://www.wqxuetang.com
　　　　　　地　　　址：北京清华大学学研大厦 A 座　　　邮　　编：100084
　　　　　　社 总 机：010-83470000　　　　　　　　　邮　　购：010-62786544
　　　　　　投稿与读者服务：010-62776969, c-service@tup.tsinghua.edu.cn
　　　　　　质量反馈：010-62772015, zhiliang@tup.tsinghua.edu.cn
印 装 者： 大厂回族自治县彩虹印刷有限公司
经　　销： 全国新华书店
开　　本： 170mm×240mm　　**印张：** 9.25　　**插页：** 9　　**字　数：** 192 千字
版　　次： 2024 年 8 月第 1 版　　　　　　　　　**印　次：** 2024 年 8 月第 1 次印刷
定　　价： 65.00 元

产品编号：102925-01

前　言

　　群体智能算法是一类非常有趣且实用的人工智能方法。有趣，是因为它的设计思想多来源于自然界动物的种群行为现象或者人类社会的群体行为规律；实用，是因为它的设计思路比较符合人的计算思维，容易被工程师掌握并应用于实际。因此，群体智能算法自 1989 年提出至今历经 30 多年仍吸引着学术界和工业界的广泛关注，连续多年成为研究与应用的潮流热点。

　　虽然针对群体智能算法的设计与应用的研究不少，但是针对其理论基础的研究却还是凤毛麟角。这一点和进化算法的情况非常类似。针对进化算法的理论基础研究工作主要是缺少算法时间复杂度方面的研究，而针对群体智能算法的理论基础研究工作则是全方位的欠缺，包括数学模型、收敛性分析与时间复杂度三个方面。本书针对理论基础而阐述的内容主要包括了群体智能算法的数学模型、收敛性分析与时间复杂度。人工智能的本质是知识表示，而数学模型是理论基础研究的知识表示方式。因此，我们对于每一类算法理论基础的介绍都是从其数学模型开始的。收敛性则是评价群体智能算法是否最终可以停机并达到最优解的标准，然而它是一种基于迭代次数趋于无穷的分析结果，我们还需要另一个标准来评价算法的性能与效率。这个标准就是时间复杂度，它可以度量群体智能算法在平均意义下需要多少次迭代达到最优解。

　　与进化算法类似，群体智能算法的种类很多。本书仅仅选择了五类相对有代表性的群体智能算法作为主要的介绍对象。其中，粒子群优化算法和蚁群优化算法是国外学者原创的算法，曾是学术界的高被引研究主题；鸽群优化算法与烟花算法则是国内学者原创的算法；而头脑风暴优化算法是美籍华人学者在国内工作时提出的算法。每一种算法都有比较重要的学术研究价值与实际应用价值，其原创者在计算智能领域也都具有比较显著的学术影响力。

　　因为每一种算法在理论基础三个方面的研究进展不同，所以本书中对应内容的章节篇幅也各不相同，甚至有一些算法在某一个方面的研究暂时还是缺失的。因此，本书除了介绍群体智能算法理论研究基础的研究进展，还为读者提供了从事这一主题研究的发展方向。不仅如此，由于时间复杂度分析的计算比较复杂烦琐，我们还基于最新进化算法时间复杂度估算实验方法的研究结果，介绍了用于辅助分析的软件，并且用算法的分析案例向读者展示软件的使用过程与效果。

　　在此，我们衷心感谢国家自然科学基金（项目编号：61003066、61876207、62276103）对本研究工作的资助。本书作为《进化算法时间复杂度分析的理论、方法与工具》的姊妹篇，可以在群体智能算法数学基础与理论分析方面为读者提供比较全面的参考。鉴于我们的水平有限，不足之处在所难免，恳请广大读者、专家和同行们不吝赐教及批评指正。我们愿与大家一起为夯实群体智能算法的理论基础而不懈努力。

黄 翰

2024 年 2 月

目　录

第 1 章　群体智能算法简介

本章主要对群体智能算法进行简单介绍。其中，1.1 节概述群体智能算法；1.2 节介绍群体智能算法的三个特点；1.3 节介绍常见的几类群体智能算法；1.4 节简述基于随机过程分析群体智能算法的三类数学模型；1.5 节介绍群体智能算法的收敛性分析；1.6 节则介绍群体智能算法的时间复杂度分析。

1.1　群体智能算法的起源

自然界中的一些生物群体，如空中的鸟群和蜂群、地上的蚁群和水中的鱼群，其单个个体的行为非常简单，但这些个体通过协同工作表现出来的行为能力却十分复杂。这种群体的协同工作行为被称为群集行为。群体智能算法是根据自然界中不同的生物活动而构建的算法模型，主要模拟了昆虫、兽群、鸟群和鱼群的群集行为，用于求解复杂优化问题[1]。这些生物群体以合作的方式来寻找食物，群体中的每个成员通过学习自身和其他成员的经验来不断改变搜索方向，所以群体智能算法的突出特点就是协同搜索，即利用启发信息来引导局部搜索和全局搜索，从而在解空间内找到最优解或者近似最优解。

群体智能算法具有良好的通用性，可以用于求解不同类型的优化问题。首先，群体智能优化不需要解析函数的梯度等信息，只需要利用目标函数值，就能够有效地求解复杂的非线性优化问题。其次，对于多峰优化问题，传统的优化算法非常容易陷入局部最优解，而群体智能算法可以同时在决策空间的多个区域进行搜索，并以一定的概率跳出局部最优解，不断逼近全局最优解。最后，由于群体智能算法的搜索过程是以多个个体同步进行的，每次迭代优化后都可以提供多个解，因此还适用于求解多目标优化问题。整体而言，群体智能算法不需要使用问题的可微性、单峰、多峰等相关信息，不受搜索空间限制条件的约束，具有较强的适应性和良好的进化操作性等特点。

由于上述原因，群体智能算法在工业生产、数据挖掘、模式识别、社会科学、数字滤波设计、人工神经网络、机器学习、过程控制、经济预测和工程预测等诸多领域有着广泛的应用。

1.2　群体智能算法特点

　　群体智能算法的应用范围广泛，主要是因为这类算法具有良好的通用性、高效的并行性和解的近似性这三个特点。群体智能算法良好的通用性使得其适用于各种问题；并行性主要是指种群内的个体具有独立性，可以使用多处理器实现并行编程，适用于求解大规模问题；解的近似性则使算法可以获得问题的近似最优解。

　　群体智能算法通过模拟自然界中某些生命现象或自然现象的规律来求解问题，包含了自然界生命现象所具有的自组织、自学习和自适应等特点。这一类算法在运算过程中通过所获得的计算信息自行组织种群对解空间进行搜索。种群在搜索过程中依据事先设定的适应值函数值，采用适者生存、优胜劣汰的方式迭代进化，所以群体智能算法与进化算法有一定的相似性。由于群体智能算法具有群体迭代更新的优点，应用其求解问题时不需要事先对问题进行详细的求解思路描述，所以能够快速求得复杂优化问题的可行解。群体智能算法所具有的自适应性、自组织性和不依赖于问题本身的特点使其具有较强的通用性。群体智能算法具有良好的容错性，对初始条件不敏感，能在不同条件下以迭代进化的方法寻找目标函数值更优的解。

　　群体智能算法通过设定相应的种群进化机制来完成计算。种群内的个体具有一定的独立性，个体之间本质上具有一种隐并行的性质。如果使用分布式多处理机来完成群体智能算法，则可以将算法设置为多个种群并分别放置于不同的处理机以实现进化，迭代期间完成一定的信息交流。迭代完成后，根据适应值进行优胜劣汰。因此，群体智能算法所具有的并行性使其能够更充分地利用多处理器机制，实现并行编程，提高算法的求解能力。此类算法基本上是以群体协作的方式对问题进行迭代式求解，非常适合并行处理大规模问题。

　　群体智能算法模拟大自然中某种生命或其他事物的智能协作进化现象，利用某种机制引导种群对解空间进行搜索。由于该类算法的机理缺乏严格的数学理论支持，在解空间中采用反复迭代的方式进行随机搜索，所以会存在早熟、不稳定或解精度较低等问题。因此，群体智能算法在求解问题时得到的通常是近似最优解。

1.3　常见的几类群体智能算法

　　群体智能算法的框架简单且收敛速度快。各类群体智能算法通过模拟生物的群体行为而具有较强的搜索能力，能被用于解决实际生活中复杂的优化问题，因此众多学者提出各类群体智能算法，例如粒子群优化（particle swarm optimization，PSO）算法[2]、蚁群优化（ant colony optimization，ACO）算法[3]、头脑风暴优化（brain storm optimization，BSO）算法[4]、鸽群优化（pigeon-inspired optimization，PIO）算法[5]、烟花算法（fireworks algorithm，FWA）[6]等。1.3.1 节~1.3.5 节主要介绍这 5 类重要的群体智能算法。

1.3.1　粒子群优化算法

粒子群优化算法的机制是信息全局共享。图 1.1 展示了粒子群优化算法的搜索过程，在第 t 次迭代中，群体中的第 i 个粒子 $\boldsymbol{x}_i^t$ 根据当前速度 $\boldsymbol{v}_i^t$、全局最优解 $\boldsymbol{g}^t$ 和个体最优解 $\boldsymbol{p}_i^t$ 所提供的信息，调整自身的运动方向和速度，移动至 $\boldsymbol{x}_i^{t+1}$ 位置，从而在全局解空间中搜索问题的最优解。大量研究表明，粒子群优化算法具有良好的寻优搜索能力和收敛性能。

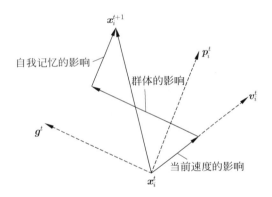

图 1.1　粒子群优化算法搜索过程

粒子群优化算法的基本流程包括以下 5 个步骤：

（1）种群初始化；

（2）评估每个粒子的适应值；

（3）更新粒子的个体最优解和全局最优解；

（4）更新每个粒子的位置和速度；

（5）判断是否终止并进行下一次迭代。

与遗传算法[7] 相比，粒子群优化算法没有交叉变异算子，主要依靠粒子来完成解的搜索，并在迭代的过程中把最好的粒子传递给其他粒子，让其他粒子学习。另外，粒子群优化算法具有记忆功能，能够记忆整个种群的最好位置并传递给其他粒子，使算法有较快的搜索速度。粒子群优化算法主要有以下 7 个优点：

（1）不依赖问题信息，通用性强；

（2）直接以目标函数值作为搜索信息；

（3）群体搜索，具有内在的并行性；

（4）具有记忆功能，保留个体局部和种群全局的最优信息；

（5）协同搜索，同时利用个体局部信息与种群全局信息；

（6）原理简单，容易实现；

（7）计算效率高。

粒子群优化算法也存在一些缺点。例如，动态速度的调节能力差，容易陷入局部最优解，导致算法的求解精度下降；对于不同的优化问题，参数设置敏感。根据上述特点，粒子群优化算法主要应用于多变量、多峰值与多目标的函数优化以及工件加工、智能控制器优化、最优控制器优化、图像处理等领域。

1.3.2   蚁群优化算法

蚁群优化算法是模拟蚂蚁群体觅食行为的一种群体智能算法。蚁群优化算法的基本原理是：蚁群会分泌信息素，可以吸引更多蚂蚁靠近，导致越来越多的蚂蚁朝着信息素多的路径前进（靠近当前最优解）。而随着时间流逝，信息素会挥发，使蚁群有机会去探索其他路径（避免陷入局部最优解）。蚁群之间通过信息素进行交流，每个个体通过环境的动态变化去影响其他个体的行为，从而形成一种正反馈机制。图 1.2 展示了蚁群经过路径的信息素累积过程，从起点 A 到终点 B 的较短路径积累了更多的信息素。

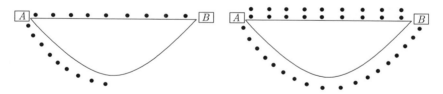

图 1.2   蚁群信息素累积过程

蚁群优化算法的基本流程包括以下 5 个步骤：

（1）种群初始化；

（2）每个个体根据信息素在问题空间中移动生成新解；

（3）根据个体经过的路径进行信息素累积和挥发；

（4）评估适应值并记录最优解；

（5）判断是否终止并进行下一次迭代。

蚁群优化算法具有以下 4 个优点：

（1）采用正反馈机制，使搜索过程不断收敛，最终逼近最优解；

（2）每个个体都可以通过释放信息素来改变共享的信息素矩阵，而且能够感知周围环境的实时变化，个体间通过信息素矩阵进行间接通信；

（3）搜索过程采用分布式计算方式，多个个体同时进行并行计算，大大增强了算法的计算能力，并提高了其运行效率；

（4）类似模拟退火的启发式搜索方式不易陷入局部最优解，有利于寻找到全局最优解。

蚁群优化算法已被成功应用于多个领域，其中主要用于求解离散组合优化问题，如旅行商问题、生产调度问题、指派问题、加工车间调度问题、车辆路由问题、图着色问题和网络路由问题等。近年来，越来越多的学者关注该算法在网络路由问题中的应用，并提出了一些新的基于蚁群优化算法的路由算法。该算法在网络路由中具有信息分布式、动态性、随机性和异步性等特点，而这些特点正好能满足网络路由的需要。

1.3.3　头脑风暴优化算法

头脑风暴优化算法作为一种新型的智能群体算法，在解决经典优化算法难以求解的大规模高维多峰函数问题上具有优势。头脑风暴优化算法受到头脑风暴会议的启发，模拟人类创造性解决问题的过程，采用聚类思想搜索局部最优解，通过比较局部最优解得到全局最优解；采用变异思想增强算法的多样性，避免算法陷入局部最优，在这"聚与散"相辅相成的过程中搜索最优解，思想新颖，适用于解决多峰高维函数问题。头脑风暴优化算法中的每一个个体代表一个候选解，通过个体的演化和融合实现个体更新，这一过程与人类头脑风暴的过程相似。图 1.3 展示了头脑风暴优化算法的搜索过程，聚类产生的分类使用不同的形状符号表示。

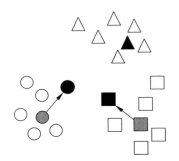

图 1.3　头脑风暴优化算法搜索过程

头脑风暴优化算法的基本流程包括以下 6 个步骤：

（1）种群初始化；

（2）采用聚类方法将个体进行分类；

（3）通过评估个体，对每一类中的个体进行排序，选出每一类中最优的个体作为该类的中心个体；

（4）随机选中一个类的中心个体，按概率大小判断它是否被一个随机产生的个体所替代；

（5）对个体进行更新；

（6）判断是否终止并进行下一次迭代。

头脑风暴优化算法具有以下 4 个优点：

（1）模型简单、参数少；

（2）收敛精度高；

（3）鲁棒性强；

（4）全局搜索能力强，适用于解决高维多峰问题。

与其他群体智能算法相比，头脑风暴优化算法也存在一些不足，如收敛速度慢、容易陷入局部最优等。目前，头脑风暴优化算法已被应用于多个领域以求解复杂优化问题，如路径优化问题、频谱感知技术优化问题、集卡调度与箱位分配问题等。

1.3.4　鸽群优化算法

受自然界中鸽子归巢行为的启发，研究者提出一种基于鸽子归巢行为的新型群体智能算法——鸽群优化算法。影响鸽子归巢的主要因素包括太阳、地球磁场和地标。鸽子在旅途的不同阶段会使用不同的导航工具。当鸽子开始飞行时，大部分时间会依靠类似指南针的导航工具；在旅途中，鸽子会将导航工具切换至地标，同时重新评价自己的路线并进行必要的修正。研究者通过模仿"鸽子在寻找目标的不同阶段使用不同导航工具"这一机制，提出了两种算子模型以描述鸽群归巢的群集行为，分别是地图和指南针算子以及地标算子，其中地图和指南针算子代表太阳和地球磁场对鸽群的影响，而地标算子则表示地标对鸽群的影响。图 1.4 展示了鸽群优化算法的搜索过程。

鸽群优化算法的基本流程包括以下 5 个步骤：

（1）种群初始化；

（2）根据地图和指南针算子更新鸽子的速度和位置；

（3）计算适应值，保留适应值更好的个体并舍弃其余个体；

（4）根据地标算子更新个体；

（5）判断是否终止并进行下一次迭代。

鸽群优化算法具有以下 3 个优点：

（1）算法的参数少，原理简单，易于理解和实现；

（2）收敛速度快；

（3）同时借助局部和全局搜索信息协同搜索。

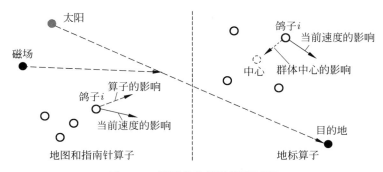

图 1.4　鸽群优化算法搜索过程

　　除上述优点外，鸽群优化算法由于鸽群信息交互不足，存在收敛精度偏低、稳定性较差、容易陷入局部最优解、多样性欠佳等缺点。鸽群优化算法主要应用于图像处理、控制参数的优化、无人机编队以及生命科学等多个领域，在改进方法和实际应用等方面成果丰硕。

1.3.5　烟花算法

　　烟花算法通过模拟燃放的烟花在空中爆炸的现象进行算法建模，并通过引入随机因子和选择策略形成一种并行爆炸式搜索方式，是一种新型的、平衡全局搜索和局部搜索的随机搜索方法。烟花算法模拟烟花爆竹产生大量火花的过程，进而对烟花所在的领域进行搜索。适应值越好，烟花爆炸的范围就越小（搜索范围变小），产生的火花就越多（增加多样性）。反之，如果适应值很差，烟花爆炸的范围会扩大（搜索范围变大），并产生较少的火花。图 1.5 展示了烟花算法的搜索过程。

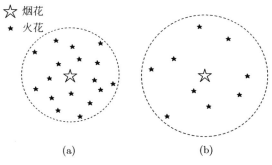

图 1.5　烟花算法搜索过程

（a）适应值好；（b）适应值差

烟花算法的主要流程包括以下 4 个步骤：

（1）种群初始化；

（2）评估烟花适应值，根据适应值来控制火花个数和爆炸范围大小；

（3）产生火花并从整个群体中选择新一代的烟花；

（4）判断是否终止并进行下一次迭代。

烟花算法具有以下 4 个优点：

（1）每个烟花感知自身周围的信息，局部搜索能力强；

（2）对求解问题的要求低，适应范围广；

（3）各个烟花单独对邻域并行搜索，具有分布式特性；

（4）种群多样性好，不容易陷入局部最优解。

和其他群体智能算法一样，烟花算法也存在着不足，如解的精度较低、计算复杂度高等。目前，烟花算法已被成功应用到许多工程领域，如大数据优化问题求解、动态优化问题求解等。

1.4　群体智能算法分析的数学模型

由于群体智能算法的求解过程带有一定的随机性，而随机过程可以用一族无穷多个随机变量来描述具有随机性的变化过程，因此，群体智能算法可以表示为一种随机过程的数学模型。分析群体智能算法随机过程的数学模型种类繁多，其中较为常用的三类模型分别是马尔可夫过程[8]、漂移分析模型[9] 和平均增益模型[10]。这三类模型皆被用于本书后续的算法分析中，本节先简要介绍这三类模型。

1.4.1　马尔可夫过程

马尔可夫过程是随机过程分析中重要的工具，已被广泛应用于物理学、计算机科学等领域。马尔可夫过程定义如下：

定义 1.1 (马尔可夫过程)　设 $\{X_t, t \in T\}$ 为一随机过程，Y 为其状态空间，若对任意的 $t_1 < t_2 < \cdots < t_n < t$，任意的 $x_1, x_2, \cdots, x_n, x \in Y$，随机变量 X_t 满足

$$P(X_t \leqslant x | X_{t_n} = x_n, X_{t_{n-1}} = x_{n-1}, \cdots, X_{t_1} = x_1) = P(X_t \leqslant x | X_{t_n} = x_n)$$

则称随机过程 $\{X_t, t \in T\}$ 为马尔可夫过程。

马尔可夫过程所展示的特性是：随机过程转移到下一时刻任意给定状态的概率仅依赖于当前状态，独立于以前的所有状态。因此，当群体智能算法的迭代更新仅与当前迭代状态有关，即种群 P_{t+1} 的状态仅取决于种群 P_t，与之前种群的

历史信息无关时，根据定义 1.1，马尔可夫过程是一个较为合适的数学模型。目前学术界在马尔可夫过程的收敛性方面已有较为成熟的研究结果，因此该模型常被用于分析群体智能算法的收敛性。本书将介绍如何用马尔可夫过程对蚁群优化算法和烟花算法的收敛性进行分析（分别见 3.3 节和 6.3 节）。该方法虽然可用于分析群体智能算法的收敛性，但难以直接应用在群体智能算法的时间复杂度分析上。这是因为群体智能算法的个体之间通常存在信息交换，这使得个体的状态依赖于其历史状态或其他个体的状态，不服从马尔可夫过程的假设。即使能将群体智能算法建模为马尔可夫过程，由于个体的多样性和随机性，状态空间巨大，马尔可夫过程为了计算和存储所有可能状态的转移概率会产生较多的冗余信息，并且计算量较大。

1.4.2　漂移分析模型

漂移分析模型是由 He 等于 2001 年提出的[9]，被用来分析群体智能算法的时间复杂度。该模型是在马尔可夫过程基础上的变形，通过距离与漂移的计算量构建群体智能算法的数学模型。其中距离和漂移定义如下：

定义 1.2 (距离)　假设全局最优解为 x^*，解 x 与全局最优解的距离记为 $d(x)$，则种群 $X=\{x_1, x_2, \cdots, x_N\}$ 与全局最优解的距离为 $d(X)=\min f_0\{d(x)|x \in X\}$。

定义 1.3 (漂移)　记 t 时刻的种群为 ϕ_t，则 $\{d(\phi_t), t = 0, 1, 2, \cdots\}$ 为优化过程产生的随机序列，其在 t 时刻的偏移为 $\Delta(d(\phi_t)) = d(\phi_t) - d(\phi_{t+1})$。

由定义 1.2 可知，算法的距离为 0 意味着算法找到全局最优解。因此，计算算法时间复杂度就是计算算法距离首次为 0 所需迭代次数的期望。漂移分析模型根据算法的漂移构建随机序列，通过分析漂移的期望以实现对迭代次数期望的分析。图 1.6 展示了漂移分析的模型。近 20 年来，漂移分析模型被用于各类群体智能算法的时间复杂度分析，已成为群体智能算法时间复杂度分析常用的一类方法。但是，该方法需要根据全局最优解的位置进行分析，而实际应用中的问题最优解一般是未知的，所以在面对未知最优解的问题时，无法使用漂移分析模型来计算群体智能算法的时间复杂度。

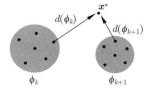

图 1.6　漂移分析模型

1.4.3　平均增益模型

为解决漂移分析模型所存在的问题，黄翰等学者提出了平均增益模型，用于分析群体智能算法的时间复杂度[10]。下面给出适应值差函数和平均增益的定义。

定义 1.4 (适应值差函数)　设函数 $d : S \to \mathbb{R}$ 满足 $d(\boldsymbol{x}) = f(\boldsymbol{x}) - f(\boldsymbol{x}^*), \forall \boldsymbol{x} \in S$，$S$ 代表问题的解空间，$\boldsymbol{x}^*$ 为问题的全局最优解，则称 d 为适应值差函数。

定义 1.5 (平均增益)　称 $G(r, t) = E(d(\boldsymbol{x}_t) - d(\boldsymbol{x}_{t+1}) | d(\boldsymbol{x}_t) = r)$ 为算法在 t 时刻关于适应值差 r 的平均增益，即在当前个体与最优解的适应值差为 r 的前提下，个体 $\boldsymbol{x}_t$ 和下一代新个体 $\boldsymbol{x}_{t+1}$ 的期望适应值差。

平均增益模型以鞅论和停时理论为基础，用于分析连续型进化算法的时间复杂度上界，不依赖于特定算法或者优化问题，使拓展后的平均增益模型可用于分析更大范围的进化算法。与漂移分析模型相比，平均增益模型不需要利用全局最优解的位置信息，在计算平均增益的过程中，全局最优解的适应值项可以化简消掉。因此，平均增益模型不需要使用全局最优解的信息，适用于未知全局最优解问题的时间复杂度分析。在本书中，粒子群优化算法、鸽群优化算法和头脑风暴优化算法的时间复杂度便是运用该模型分析的案例。

1.5　群体智能算法的收敛性分析

收敛性分析是群体智能算法理论基础研究的重要内容，也是评估群体智能算法性能的一种重要手段。群体智能算法的收敛性如定义 1.6 所述。

定义 1.6　假定 $\{\gamma_t^{A,K}\}_{t=1}^{+\infty}$ 是群体智能算法 A 求解单目标优化问题 K 的随机过程，相应的 n 阶最优状态空间为 $\Omega_n^{K,\mathrm{opt}}$，当 $\lim_{t=1}^{+\infty} P(\gamma_t^{A,K} \in \Omega_n^{K,\mathrm{opt}}) = 1$，则称群体智能算法 A 求解单目标优化问题 K 会以概率 1 收敛 (强收敛)。

自 20 世纪 90 年代起，研究人员开展了群体智能算法收敛性分析的理论研究。Holland 模式定理[11] 早期经常被研究人员用于分析群体智能算法的收敛性，且仅适用于二进制编码，导致其结论难以被运用到实际分析中。因此，Holland 模式定理并不能较好地揭示群体智能算法的原理。马尔可夫链这一数学工具的引入使得群体智能算法的理论基础研究取得了实质性的突破。例如，Goldberg 等首先提出用有限齐次马尔可夫链分析群体智能算法的收敛性[8]。此后，Eiben 等采用马尔可夫链证明了保留最优个体的群体智能算法在概率意义上的全局收敛性[12]。Rudolph 采用有限齐次马尔可夫链证明了带有复制、交换和突变操作的群体智能算法不能收敛到全局最优解[13]。Liang 等探讨了群体智能算法的收敛条件与收敛速度等问题，给出了等价群体智能算法平均收敛速度的解析表达式[14]。Xu 等运用鞅论研究群体智能算法的几乎必然强收敛性[15]。Zhou 等假定高斯（Gauss）变异以及目标函数为连续函数，利用概率论证明了多目标群体智能算法的强收敛性[16]。Huang 等分析和对比基于关系模型的群体智能算法收敛性[17]。

现有研究主要以简单经典的群体智能算法作为收敛性分析的研究对象，而针对不同变体的群体智能算法（如烟花算法、鸽群优化算法等）的收敛性分析研究成果较少。因此，群体智能算法的收敛性分析仍是当今算法理论基础研究的重要内容。

1.6　群体智能算法的时间复杂度分析

算法的时间复杂度是一个函数模型，量化估计了该算法的运行时间。时间复杂度常用符号"O""Ω""Θ"来表述，不包括这个函数的低阶项和首项系数。使用这种方式时，时间复杂度可被称为渐近的，即考察输入值大小趋近无穷时的情况。为了计算时间复杂度，我们通常会估计算法的操作单元数量，且每个单元运行的时间都是相同的。因此，总运行时间和算法的操作单元数量最多相差一个常量系数。

由于群体智能算法求解具有随机性，群体智能算法的时间复杂度分析方法通常是基于随机过程的性质与定理设计的。根据不同的性质与定理，研究者们提出了多种分析方法，如适应值层次法（fitness level method）[18]、漂移分析法（drift analysis）[9]、转换分析法（switch analysis）[19] 和平均增益理论（average gain theory）[10] 等。

适应值层次法由 Wegener 提出，用于描述算法迭代时产生的最优个体的状态，并根据搜索空间的划分以及最优个体所属的层次来计算算法的时间复杂度[18]。Wegener 提出的适应值层次法需要假设最优个体不能跳过任意一个层次。Sudholt 放宽了这一前提，并将方法所适用的研究函数范围拓宽到所有单模态函数[20]。Zhou 等将 tail-bound 融入适应值层次法[21]，Witt 则对此进行了完善，并以 OneMax 问题为例进行验证[22]。Zhou 等利用适应值层次法[18] 首次完成对一种简单的蚁群优化算法——（1+1）最大-最小蚁群算法（max-min ant algorithm，MMAA）的严格分析，并得到了（1+1）MMAA 在完全图和非完全图的两个旅行商问题（travelling salesman problem，TSP）实例上的运行时间上界[23]。

漂移分析法由 He 等引入到群体智能算法时间复杂度分析中[9]。Oliveto 等在

He 等工作的基础上提出了一种简化而易用的新漂移理论，并将其应用于分析求解最大匹配的群体智能算法计算时间复杂度，得到了一个指数式的时间下界[24]。漂移分析法在简单的算法研究特例方面有较多的成果，而如何建立拟合实用群体智能算法的漂移模型则是漂移分析研究面临的挑战[25]。

受适应值层次法和漂移分析法启发，Yu 等提出转换分析，并且证明适应值层次法和漂移分析法都可以规约到转换分析法[19]。随后，Yu 等进一步证明基于收敛性的分析法也可以规约到转换分析法[26]，并分析了一种仅含变异的群体智能算法在 OneMax 和 LeadingOnes 等伪布尔函数问题上的运行时间[27]。

受漂移分析法启发，Huang 等提出了平均增益理论，并根据父代与子代的最优目标值之差（称为增益）计算进化算法的时间复杂度[10]。然而，文献 [10] 中的模型严重依赖连续型（1+1）进化算法（evolutionary algorithm，EA）算法求解球函数这一具体案例，具有一定的局限性。对此，张宇山等构建了更具一般性的平均增益理论，拓展了其适用范围[28]。Huang 等则提出了适用于平均增益理论的拟合增益方法，并对进化策略（evolutionary strategies，ES）和协方差矩阵自适应进化策略（convariance matrix adaptation evolutionary strategies，CMA-ES）在标准测试集上的时间复杂度进行了计算[29]。研究表明，平均增益理论适用于连续型进化算法时间复杂度的计算，特别适用于实用进化算法时间复杂度的估算。

群体智能算法的时间复杂度反映了算法收敛到全局最优解所需的计算时间。时间复杂度是群体智能算法性能可解释性的理论依据，可以解释群体智能算法"为什么有效""何时有效"这些根本问题。这对揭示群体智能算法的运行机理，并在实践中指导算法的设计、应用与改进方面具有重要的理论与实际意义。例如，黄翰等提出平均增益理论的拟合增益方法，通过拟合函数估算推导实用算法在求解具体问题时的时间复杂度，用实验方法取代了时间复杂度函数的数学推导，解决了分析过程中分布函数难以推导的问题[29]。因此，群体智能算法的时间复杂度研究具有重要的理论意义。为方便起见，我们对本书主要使用的符号进行了说明，如表 1.1 所示。

表 1.1　符号

符号	描述	符号	描述
$\boldsymbol{x}$	解	T	首达时间
$\boldsymbol{x}^*$	最优解	G	平均增益
$f(\boldsymbol{x})$	适应值函数	S	解空间
$d(\boldsymbol{x})$	适应值差函数	$\mathbb{R}$	实数域
E	期望	Y	状态空间

1.7　本章小结

本章主要从理论分析的角度来分析 5 种群体智能算法，包括粒子群优化算法、蚁群优化算法、头脑风暴优化算法、鸽群优化算法和烟花算法。这 5 种算法是群体智能算法领域中的代表性算法，具有简洁有效的特点，已被成功应用于大量实际复杂优化问题的求解中，取得了丰硕的应用研究成果。但是，目前这 5 类算法的理论分析成果较少。为了让读者更全面地了解群体智能算法，本书第 2~6 章主要从算法的数学建模、收敛性分析和时间复杂度分析这三个方面来介绍 5 种群体智能算法的理论基础研究成果。

第 2 章　粒子群优化算法的理论基础

　　粒子群优化（PSO）算法是群体智能算法中一种典型的算法，被广泛应用于连续优化问题中。本章主要介绍粒子群优化算法的理论研究进展、平均增益模型、收敛性分析与时间复杂度分析等理论基础内容。本章在理论推导之后提出了基于平均增益的实验估算方法，并通过理论结合实验的方式对 PSO 算法的时间复杂度进行估算。

2.1　粒子群优化算法简介

2.1.1　粒子群优化算法基本框架

　　PSO 算法最早由 Kennedy 等在 1995 年提出[2]，是一种受社会性昆虫或其他动物的启发而设计的算法。这些动物被视为在高维搜索空间中飞行以寻找最优解的粒子。在 PSO 算法中，粒子的飞行轨迹受个体信息、全局信息和惯性这三个因素的影响。在使用 PSO 算法解决优化问题时，个体信息一般采用个体历史最优解来表示，全局信息一般采用全体历史最优解来表示，而惯性则一般采用速度来表示。在原始粒子群优化（original particle swarm optimization，OPSO）算法中，粒子的位置由 $\boldsymbol{x}_{t,i} = (x_{t,i}^1, x_{t,i}^2, \cdots, x_{t,i}^n)$ 来表示，粒子的惯性（速度）由 $\boldsymbol{v}_{t,i} = (v_{t,i}^1, v_{t,i}^2, \cdots, v_{t,i}^n)$ 来表示，粒子的个体信息由 $\boldsymbol{p}_{t,i} = (p_{t,i}^1, p_{t,i}^2, \cdots, p_{t,i}^n)$ 来表示，也称为 pbest，粒子的全局信息由 $\boldsymbol{g}_t = (g_t^1, g_t^2, \cdots, g_t^n)$ 来表示，也称为 gbest，其中，t 表示当前迭代次数，i 表示当前的粒子，n 代表解空间的维数。粒子的位置 $\boldsymbol{x}_{t,i}$ 代表了解空间中的一个解。OPSO 算法通过不断地迭代更新粒子的位置，使粒子逐渐接近并找到最优解。其核心迭代公式如下所示[2]：

$$v_{t+1,i}^d = v_{t,i}^d + r_{t,i}^d c_1(p_{t,i}^d - x_{t,i}^d) + q_{t,i}^d c_2(g_t^d - x_{t,i}^d) \tag{2.1}$$

$$\boldsymbol{x}_{t+1,i} = \boldsymbol{x}_{t,i} + \boldsymbol{v}_{t+1,i} \tag{2.2}$$

其中，d 表示当前的维度；c_1 表示个体系数；c_2 表示全局系数；$r_{t,i}^d$ 和 $q_{t,i}^d$ 分别表

示在区间 [0,1] 上取值且服从均匀分布的两个随机数。从式 (2.1) 和式 (2.2) 可以看出，OPSO 算法通过个体信息 $\boldsymbol{p}_{t,i}$、全局信息 $\boldsymbol{g}_t$ 和惯性 $\boldsymbol{v}_{t,i}$ 来迭代更新粒子的位置 $\boldsymbol{x}_{t,i}$，最终通过一定次数的迭代找到一个最优解。

在 OPSO 算法被提出后，Shi 等学者[30] 于 1998 年提出了一个受到极高关注的 PSO 变体。在新的变体中，速度迭代更新公式发生了改变，即变为

$$v_{t+1,i}^d = wv_{t,i}^d + r_{t,i}^d c_1(p_{t,i}^d - x_{t,i}^d) + q_{t,i}^d c_2(g_t^d - x_{t,i}^d) \tag{2.3}$$

如式 (2.3) 所示，惯性系数 w 被加入速度迭代更新公式中，以控制前一代速度对后一代速度的影响。一个简单的改动影响了 PSO 算法的性能，惯性系数 w 的设置也在文献 [30] 中被充分地讨论。在此之后所产生的众多新的 PSO 变体都是基于这个变体来设计的，因此，该变体被称为标准 PSO（standard particle swarm optimization，SPSO）。

除了 SPSO 之外，很多学者还尝试用其他不同的 PSO 迭代公式来改善 PSO 算法的搜索能力。这里介绍几种比较常见的 PSO 变体。Bergh 等在 2004 年提出了一个名为协同粒子群优化（cooperative particle swarm optimizer, CPSO）的变体和一个 "前进两步，退一步" 的概念[31]。根据文献 [31]，在粒子更新过程中，每个维度都在进行更新，所以存在一些分量能把算法带向更好的解，而另一些分量则带向更差的解。因此，Bergh 等建议将搜索空间划分成多个子空间来进行搜索。但是，CPSO 和 SPSO 都存在容易过早收敛的问题。为了解决这一问题，Liang 等学者提出了一个名为综合学习粒子群优化（comprehensive learning particle swarm optimizer，CLPSO）的变体，在该变体中，速度的每个维度由不同的 pbest 来进行更新[32]。这一更新机制的改变极大地增强了 PSO 算法的多样性，防止算法过早收敛。在 CLPSO 变体的基础上，Huang 等学者提出了基于实例的学习粒子群优化（example-based learning particle swarm optimization，ELPSO）[33]。ELPSO 维护一个 gbest 的集合，新的更新机制在保留多样性的基础上更好地指引粒子进入较好的解空间中。但是，算法陷入局部最优的问题依然存在。因此，Huang 等学者于 2019 年提出了一个收敛速度控制器（convergence speed controller，CSC）框架，用于在算法陷入局部最优时打散种群中的粒子，在算法收敛过慢时加速算法的收敛，该算法被应用于计算机视觉领域抠图问题的求解[34]。

2.1.2　粒子群优化算法理论基础的研究进展

虽然 PSO 算法的变体数量繁多，但是这些变体性能的理论分析成果非常少。PSO 算法的理论分析大致可分为收敛性分析和时间复杂度分析，目前已有一些收敛性分析的研究成果[35-36]。人们除了关心算法能否收敛外，还关心算法何时

能收敛，甚至收敛至最优值，而时间复杂度分析就可以解答这些问题。但是，PSO 算法的时间复杂度分析成果极少。Witt 在 2009 年强调了 PSO 算法缺乏时间复杂度分析的事实[37]。

在 PSO 算法的时间复杂度分析领域，大多数研究仅停留在分析离散型 PSO 算法。Sudholt 等提出了二进制 PSO 算法的时间复杂度分析[38]，并进一步分析了其应用于伪布尔函数的时间复杂度[39]。Mühlenthaler 等提出了一种适用于离散优化问题的 PSO 算法，并提供了该算法预期计算时间的上界和下界[40]。Raß 等分析了应用于最短路径计算的离散型 PSO 算法的时间复杂度[41]。Wu 等分析了单粒子粒子群优化算法的时间复杂度[42]。然而，PSO 算法主要成功应用于求解连续型优化问题，而非离散型优化问题。

相较于离散型 PSO 算法，人们更关心连续型 PSO 算法的时间复杂度。可是，对连续型 PSO 算法的时间复杂度分析的研究比离散型 PSO 算法的更少。Lehre 等指出，在满足一定的条件下，SPSO 算法的初始解在求解一维球型函数时的时间复杂度为正无穷[43]，但并未给出当 SPSO 算法的初始解不满足给定条件时的时间复杂度，即使是在 PSO 算法的种群规模为 1 时。

综上所述，PSO 算法是一个应用广泛且较为成熟的算法，但是其理论分析特别是连续型 PSO 算法时间复杂度分析的结果较少。

2.2   粒子群优化算法的平均增益模型

Huang 等在 2014 年发表的论文中提出了平均增益模型[10]。平均增益模型的思想其实并不复杂，可以通俗理解为：时间等于路程除以速度。算法初始解的适应值与问题最优解的适应值之差可被视作路程，算法在每次迭代时适应值差下降的值作为速度，算法找到最优解所需要的迭代次数作为时间。定理 2.1、定理 2.2[10] 具体描述了这个思想，下文将会给出对这两个定理的详细描述。

适应值差函数（定义 1.4）刻画了解空间中一个点在适应值的刻度上到最优解的距离。显然，$d(\boldsymbol{x}^*) = 0$。适应值差是平均增益模型中的一个重要刻度。初始解的适应值差作为"路程"。"时间"可通过定义 2.1 来刻画。

定义 2.1   对于任意 $0 \leqslant a < b$，若初始解的适应值差 $d(\boldsymbol{x}_0) = b$，那么，记 $T|_a^b = \min\{t \mid d(\boldsymbol{x}_t) \leqslant a\}$ 为算法经过区间 $[a, b]$ 的时间复杂度，记 $E\left(T|_a^b\right)$ 为经过区间 $[a, b]$ 的平均时间复杂度。

平均时间复杂度描述了算法适应值差从 a 到 b 所需要的迭代次数。特别地，当 $a = 0$ 时，$T|_a^b$ 表示首达时间。$E\left(T|_a^b\right)$ 表示算法从适应值差为 b 的起点到适应

值差为 a 的终点所需的平均时间复杂度。假定 $d\left(\boldsymbol{x}_0\right)=\sqrt{n}$，则算法的期望首达时间（expected first hitting time, EFHT）可以表示为 $E\left(T|_0^{\sqrt{n}}\right)$。但是，在连续型优化算法中，算法击中最优解的概率几乎为 0，因此人们往往会给算法一个精度误差，如果算法的求解在这个精度误差内，我们则认为算法已经找到了最优解。具体地，在满足 $\varepsilon>0$ 的精度下，期望首达时间可以表示为 $E\left(T|_\varepsilon^{\sqrt{n}}\right)$。

以上为"路程"和"时间"的概念。而基于"路程"和"时间"得到的"速度"，我们将用平均增益（定义 1.5）进行刻画。

至此，我们已完成对 PSO 算法的平均增益建模。基于平均增益模型，2.3 节将介绍如何推导出该算法的时间复杂度，2.4 节将对这部分内容进行展开讨论。

2.3　粒子群优化算法的收敛性分析

近 20 年来，PSO 算法及其变体的收敛性分析结果不断涌现[35-36]。这些收敛性分析的方法不尽相同。本节将从 PSO 状态空间入手，分析并证明 PSO 的收敛性。首先，本节引入以下引理。

引理 2.1 [44]　PSO 中粒子 i 从状态 $\boldsymbol{\xi}_{k,i}$ 转移到 $\boldsymbol{\xi}_{l,i}$ 的转移概率为

$$P(\boldsymbol{\xi}_{l,i}|\boldsymbol{\xi}_{k,i})=P(\boldsymbol{x}_{l,i}|\boldsymbol{x}_{k,i})P(\boldsymbol{v}_{l,i}|\boldsymbol{v}_{k,i})P(\boldsymbol{p}_{l,i}|\boldsymbol{p}_{k,i})P(\boldsymbol{g}_l|\boldsymbol{g}_k)$$

其中，

$$P(\boldsymbol{x}_{l,i}|\boldsymbol{x}_{k,i})=\begin{cases}\dfrac{1}{|\Delta_1|}, & x_{l,i}^d\in[x_{k,i}^d, x_{k,i}^d+wv_{k,i}^d+c_1r_{k,i}^d(p_{k,i}^d-x_{k,i}^d)+\\ & c_2q_{k,i}^d(g_k^d-x_{k,i}^d)]\\ 1, & l=k+1\\ 0, & \text{其他}\end{cases}$$

$$P(\boldsymbol{v}_{l,i}|\boldsymbol{v}_{k,i})=\begin{cases}\dfrac{1}{|\Delta_2|}, & v_{l,i}^d\in[wv_{k,i}^d, wv_{k,i}^d+c_1r_{k,i}^d(p_{k,i}^d-x_{k,i}^d)+c_2q_{k,i}^d(g_k^d-x_{k,i}^d)]\\ 1, & l=k+1\\ 0, & \text{其他}\end{cases}$$

$$P(\boldsymbol{p}_{l,i}|\boldsymbol{p}_{k,i})=\begin{cases}1, & f(\boldsymbol{p}_{l,i})\leqslant f(\boldsymbol{p}_{k,i})\\ 0, & \text{其他}\end{cases}$$

$$P(\boldsymbol{g}_l|\boldsymbol{g}_k)=\begin{cases}1, & f(\boldsymbol{g}_l)\leqslant f(\boldsymbol{g}_k)\\ 0, & \text{其他}\end{cases}$$

$|\Delta_1|$ 和 $|\Delta_2|$ 分别表示位置和速度的超立方体体积，PSO 算法中粒子 i 在 k 时刻的状态为 $\boldsymbol{\xi}_{k,i} = (\boldsymbol{x}_{k,i}, \boldsymbol{v}_{k,i}, \boldsymbol{p}_{k,i}, \boldsymbol{g}_{k,i})$，$\boldsymbol{x}_{k,i} = \{x_{k,i}^1, x_{k,i}^2, \cdots, x_{k,i}^n\}$，$\boldsymbol{v}_{k,i} = \{v_{k,i}^1, v_{k,i}^2, \cdots, v_{k,i}^n\}$。

引理 2.2 [45]　PSO 算法的种群状态由 $\boldsymbol{\xi}_k$ 转移到 $\boldsymbol{\xi}_l$ 的概率为 $P(\boldsymbol{\xi}_l|\boldsymbol{\xi}_k) = \prod_{i=1}^{m} P(\boldsymbol{\xi}_{l,i}|\boldsymbol{\xi}_{k,i})$，PSO 中 k 时刻的种群状态为 $\boldsymbol{\xi}_k = (\boldsymbol{\xi}_{k,1}, \boldsymbol{\xi}_{k,2}, \cdots, \boldsymbol{\xi}_{k,m})$，$m$ 为种群大小。

引理 2.1 和引理 2.2 的具体证明见文献 [44] 和文献 [45]。基于这两个引理，可得到关于 PSO 算法收敛性的定理，如下所示。

定理 2.1 [45]　当 $\sum_{k=1}^{+\infty} P(\boldsymbol{\xi}_k) < +\infty$，则种群状态序列 $\{\boldsymbol{\xi}_k, k \geqslant 1\}$ 以概率 1 收敛到 Λ，即 $P(\lim_{k \to +\infty} \boldsymbol{\xi}_k \in \Lambda) = 1$。$\Lambda \in \Gamma \cup B$ 为闭集，Γ 为种群最优状态集，B 为吸收态（当 $l \geqslant k+1$ 时，恒有 $\boldsymbol{g}_l = \boldsymbol{g}_k$，$\boldsymbol{\xi}_k$ 为吸收态）构建的闭集。

证明　根据全概率公式，种群在 $k+1$ 时刻的状态 $\boldsymbol{\xi}_{k+1} \notin \Lambda$ 的概率为

$$P(\boldsymbol{\xi}_{k+1} \notin \Lambda) = P(\boldsymbol{\xi}_{k+1} \notin \Lambda|\boldsymbol{\xi}_k \notin \Lambda)P(\boldsymbol{\xi}_k \notin \Lambda) + P(\boldsymbol{\xi}_{k+1} \notin \Lambda|\boldsymbol{\xi}_k \in \Lambda)P(\boldsymbol{\xi}_k \in \Lambda)$$

由于 Λ 为闭集，所以 $P(\boldsymbol{\xi}_{k+1} \notin \Lambda|\boldsymbol{\xi}_k \in \Lambda) = 0$，因此，

$$P(\boldsymbol{\xi}_{k+1} \notin \Lambda) = P(\boldsymbol{\xi}_{k+1} \notin \Lambda|\boldsymbol{\xi}_k \notin \Lambda)P(\boldsymbol{\xi}_k \notin \Lambda)$$

$$= P(\boldsymbol{\xi}_{k+1} \notin \Lambda|\boldsymbol{\xi}_k \notin \Lambda)P(\boldsymbol{\xi}_k \notin \Lambda|\boldsymbol{\xi}_{k-1} \notin \Lambda)P(\boldsymbol{\xi}_{k-1} \notin \Lambda)$$

$$= \cdots = P(\boldsymbol{\xi}_l \notin \Lambda)\prod_{l=1}^{k} P(\boldsymbol{\xi}_{l+1} \notin \Lambda|\boldsymbol{\xi}_l \notin \Lambda)$$

由引理 2.1 可得，

$$P(\boldsymbol{\xi}_{l+1} \notin \Lambda|\boldsymbol{\xi}_l \notin \Lambda) = \prod_{i=1}^{m}(1 - P(\boldsymbol{x}_{l+1,i}|\boldsymbol{x}_{l,i})P(\boldsymbol{v}_{l+1,i}|\boldsymbol{v}_{l,i})P(\boldsymbol{p}_{l+1,i}|\boldsymbol{p}_{l,i})P(\boldsymbol{g}_{l+1}|\boldsymbol{g}_l))$$

因此，

$$\sum_{k=1}^{+\infty} P(\boldsymbol{\xi}_k \notin \Lambda)$$

$$= P(\boldsymbol{\xi}_l \notin \Lambda)\sum_{k=1}^{+\infty}\prod_{l=1}^{k-1}\prod_{i=1}^{m}(1 - P(\boldsymbol{x}_{l+1,i}|\boldsymbol{x}_{l,i})P(\boldsymbol{v}_{l+1,i}|\boldsymbol{v}_{l,i})P(\boldsymbol{p}_{l+1,i}|p_{l,i})P(\boldsymbol{g}_{l+1}|\boldsymbol{g}_l))$$

因为 $\sum\limits_{k=1}^{+\infty} P(\boldsymbol{\xi}_k) < +\infty$，所以 $\sum\limits_{k=1}^{+\infty} P(\boldsymbol{\xi}_k \notin \Lambda) < +\infty$，由此可得

$$\lim_{k \to +\infty} (1 - P(\boldsymbol{x}_{k+1,i}|\boldsymbol{x}_{k,i})P(\boldsymbol{v}_{k+1,i}|\boldsymbol{v}_{k,i})P(\boldsymbol{p}_{k+1,i}|\boldsymbol{p}_{k,i})P(\boldsymbol{g}_{k+1}|\boldsymbol{g}_k)) = 0$$

即

$$\lim_{k \to +\infty} P(\boldsymbol{x}_{k+1,i}|\boldsymbol{x}_{k,i})P(\boldsymbol{v}_{k+1,i}|\boldsymbol{v}_{k,i})P(\boldsymbol{p}_{k+1,i}|\boldsymbol{p}_{k,i})P(\boldsymbol{g}_{k+1}|\boldsymbol{g}_k) = 1$$

这等价于

$$\lim_{k \to +\infty} P(\boldsymbol{x}_{k+1,i}|\boldsymbol{x}_{k,i}) = \lim_{k \to +\infty} P(\boldsymbol{v}_{k+1,i}|\boldsymbol{v}_{k,i}) = \lim_{k \to +\infty} P(\boldsymbol{p}_{k+1,i}|\boldsymbol{p}_{k,i})$$

$$= \lim_{k \to +\infty} P(\boldsymbol{g}_k|\boldsymbol{g}_{k-1}) = 1$$

当 $k \to +\infty$ 时，根据引理 2.1，$\boldsymbol{p}_{k,i} = \boldsymbol{p}_{k+1,i}$ 和 $\boldsymbol{g}_k = \boldsymbol{g}_{k+1}$，因此 $P(\lim\limits_{k \to +\infty} \boldsymbol{\xi}_k \in \Lambda) = 1$。定理 2.1 得证。　　　　　　　　　　　　　　　　　　　□

由定理 2.1 可知，种群状态序列收敛于 Λ。当 $\boldsymbol{g}_k = \boldsymbol{g}_{k+1}$ 时，种群状态序列收敛于 B；当 $\boldsymbol{g}_k = \boldsymbol{g}^*$ 时，种群状态序列收敛于 Γ。

2.4　粒子群优化算法的时间复杂度分析

2.4.1　粒子群优化算法的时间复杂度分析方法

基于 PSO 算法的平均增益模型，可以推导出算法的时间复杂度。当 $\boldsymbol{\Delta}_t$ 与迭代次数 t 无关时[10]，平均增益 $G(r,t)$ 被简记为 $G(r)$。在当前个体与最优解的适应值差为 r 的前提下，$G(r)$ 表示算法迭代中个体 $\boldsymbol{x}_t$ 和下一代新个体 $\boldsymbol{x}_{t+1}$ 的期望适应值差。$G(r)$ 体现了在适应值差为 r 的前提下，算法的个体逼近全局最优解的平均速度。文献 [10] 的核心定理 2.2、定理 2.3 和重要推论 2.1 描述了三者之间的关系。

定理 2.2　设 $d(\boldsymbol{x}_0) = L$，若 PSO 算法的平均增益 $G(r)$ 关于 $r \geqslant 0$ 可积，那么其达到精度 ε 的平均时间复杂度满足 $E\left(T|_\varepsilon^L\right) \leqslant \int_\varepsilon^L 1/G(r)\,\mathrm{d}r$。

定理 2.3　设 $d(\boldsymbol{x}_0) = L$，若 PSO 算法的平均增益 $G(r)$ 关于 $r \geqslant 0$ 可积，那么其达到精度 ε 的平均时间复杂度满足 $E\left(T|_\varepsilon^L\right) \geqslant \int_\varepsilon^L 1/G(r)\,\mathrm{d}r$。

通过定理 2.2 和定理 2.3，可以得到平均时间复杂度的计算公式，如推论 2.1 所示。

推论 2.1 设 $d(\boldsymbol{x}_0) = L$，若 PSO 算法的平均增益 $G(r)$ 关于 $r \geqslant 0$ 可积，那么其达到精度 ε 的平均时间复杂度满足 $E\left(T|_{\varepsilon}^{L}\right) = \int_{\varepsilon}^{L} 1/G(r)\,\mathrm{d}r$。

推论 2.1 给出了平均时间复杂度与适应值之差、平均增益之间的关系，即平均时间复杂度是平均增益函数倒数 $1/G(r)$ 在区间 $[\varepsilon, L]$ 上的定积分。由平均增益理论可知，在算法初始解适应值差已知的前提下，如果其平均增益函数 $G(r)$ 可求，则该算法的平均时间复杂度可求。

2.4.2 粒子群优化算法的时间复杂度分析案例

本节将阐述一个简化版 PSO 算法的时间复杂度分析，作为对连续型 PSO 算法时间复杂度分析的一次尝试。这里对分析的过程进行简单介绍。首先，在连续型单粒子 PSO 算法的运行过程中，粒子的位置被视为一个随机向量，在初始解位置确定的情况下，粒子经过迭代可能落入的位置可以通过概率分布来刻画，此概率分布与算法的迭代公式以及求解的问题有关。然后，通过将概率分布与对应位置平均增益值的乘积做积分，可以得到平均增益模型中的平均增益函数 $G(r)$。最后，通过平均增益模型求得单粒子 PSO 算法的期望首达时间。由于理论分析的困难，目前鲜有学者开展对连续型 PSO 算法时间复杂度分析的研究工作[37]。在本节中，SPSO 算法[30] 被简化为单粒子来进行分析。本书称这个简化的 PSO 算法为单粒子 PSO（particle swarm optimizatin with single particle, PSO-SP）算法。PSO-SP 算法的流程如算法 2.1 所示。

当 PSO 算法被简化为单粒子的时候，算法极易收敛至非最优解[43]。然而，对于非收敛至最优解的算法，时间复杂度为正无穷，没有分析的必要。因此，在 PSO-SP 算法中，随机扰动 $\boldsymbol{u}$ 和精英选择策略被添加至该算法以帮助其收敛至最优解 $\boldsymbol{x}_t$。其中，$\boldsymbol{u}$ 是一个满足独立同分布的 n 维随机向量。由于采用了精英保留策略，单个粒子的位置始终等于 pbest 和 gbest 的位置，因此，在 PSO-SP 算法中，pbest 和 gbest 将失去对粒子的牵引作用。另外，终止条件视具体问题而定，在求解连续型极小化问题时，一般会将终止条件设定为适应值小于某个设定的阈值。此外，$\boldsymbol{u}$ 服从的随机分布将影响 PSO-SP 算法的性能。在本节中，我们讨论当 $\boldsymbol{u}$ 服从均匀分布和标准正态分布的两种情况：$f_1(x) = \begin{cases} \dfrac{1}{2}, x \in (-1, 1) \\ 0, x \notin (-1, 1) \end{cases}$ 表示 $\boldsymbol{u}$ 每一维所服从的均匀分布，这种情况下的 PSO-SP 算法在本节中称为 PSO-SP-I

算法 2.1　PSO-SP

1: 初始化 $\boldsymbol{x}_0$、$\boldsymbol{v}_0$，$t = 0$

2: **while** 未达到终止条件 **do**

3:　　$\boldsymbol{v}_{t+1} = \omega \boldsymbol{v}_t$

4:　　$\boldsymbol{x}'_{t+1} = \boldsymbol{x}_t + \boldsymbol{v}_{t+1}$

5:　　**if** $f\left(\boldsymbol{x}'_{t+1}\right) > f\left(\boldsymbol{x}_t\right)$ **then**

6:　　　　$\boldsymbol{x}'_{t+1} = \boldsymbol{x}_t$

7:　　**end if**

8:　　$\boldsymbol{x}_{t+1} = \boldsymbol{x}'_{t+1} + \boldsymbol{u}$

9:　　**if** $f\left(\boldsymbol{x}_{t+1}\right) > f\left(\boldsymbol{x}'_{t+1}\right)$ **then**

10:　　　$\boldsymbol{x}_{t+1} = \boldsymbol{x}'_{t+1}$

11:　　**end if**

12:　　$\boldsymbol{v}_{t+1} = \boldsymbol{x}_{t+1} - \boldsymbol{x}_t$

13:　　$t = t + 1$

14: **end while**

15: 输出最优解 $\boldsymbol{x}_t$

算法；$f_2(x) = \dfrac{1}{\sqrt{2\pi}}\,\mathrm{e}^{-\frac{x^2}{2}}$ 表示 $\boldsymbol{u}$ 每一维所服从的标准正态分布，这种情况下的 PSO-SP 算法在本节中称为 PSO-SP-II 算法。

　　同一个算法在不同问题中的时间复杂度不尽相同。本节主要讨论 PSO-SP-I 算法和 PSO-SP-II 算法在球型函数（sphere function）上的期望首达时间（EFHT）。球型函数表达式为：$f(\boldsymbol{x}) = \sqrt{\sum\limits_{i=1}^{n} x_i^2}$，表示 $\boldsymbol{x}$ 到原点的欧式距离，是连续型优化算法理论研究常用的函数[10,43,46]。下面将对 PSO-SP-I 算法和 PSO-SP-II 算法在球型函数上的时间复杂度进行分析。设定 PSO-SP-I 算法和 PSO-SP-II 算法的初始解均为 $\boldsymbol{x}_0 = \left(\dfrac{1}{2\sqrt{n}}, \dfrac{1}{2\sqrt{n}}, \cdots, \dfrac{1}{2\sqrt{n}}\right)$，即 $d(\boldsymbol{x}_0) = 0.5$，并以 $\boldsymbol{x}_0$ 作为起始点易于分析均匀分布在 $0 \leqslant d(\boldsymbol{x}_0) \leqslant 0.5$ 区域内的平均增益，便于对分析结果进行对比。

1）PSO-SP-I 算法的时间复杂度分析

　　由于 PSO-SP-I 算法的初始解 $\boldsymbol{x}_0 = \left(\dfrac{1}{2\sqrt{n}}, \dfrac{1}{2\sqrt{n}}, \cdots, \dfrac{1}{2\sqrt{n}}\right)$，即 $d(\boldsymbol{x}_0) = 0.5$，因此，PSO-SP-I 算法的期望首达时间可记为 $E\left(T|_\varepsilon^{0.5}\right)$。

　　根据推论 2.1，平均增益函数 $G(r)$ 是计算期望首达时间（EFHT）的关键。通过引理 2.3、引理 2.4 和引理 2.5，PSO-SP-I 算法的平均增益函数被逐步表示出来。下面给出引理 2.3、引理 2.4 和引理 2.5。

引理 2.3 在 PSO-SP-I 算法中, 数学期望 $E\left[d\left(\boldsymbol{x}'_{t+1}\right)-d\left(\boldsymbol{x}_{t+1}\right)|d\left(\boldsymbol{x}'_{t+1}\right)=r\right]$ 满足:

$$E\left[d\left(\boldsymbol{x}'_{t+1}\right)-d\left(\boldsymbol{x}_{t+1}\right)|d\left(\boldsymbol{x}'_{t+1}\right)=r\right]=2^{-n}\cdot r^{n+1}\cdot\pi^{\frac{n}{2}}\bigg/\left(\Gamma\left(\frac{n}{2}+1\right)\cdot(n+1)\right) \tag{2.4}$$

证明 首先对数学期望 $E\left[d\left(\boldsymbol{x}'_{t+1}\right)-d\left(\boldsymbol{x}_{t+1}\right)|d\left(\boldsymbol{x}'_{t+1}\right)=r\right]$ 作如下变化:

$$E\left[d\left(\boldsymbol{x}'_{t+1}\right)-d\left(\boldsymbol{x}_{t+1}\right)|d\left(\boldsymbol{x}'_{t+1}\right)=r\right]=\int_{\delta_1}f_{\boldsymbol{x}_{t+1}}\left(\boldsymbol{x}|d\left(\boldsymbol{x}'_{t+1}\right)=r\right)(r-d(\boldsymbol{x}))\,\mathrm{d}\boldsymbol{x}$$

其中, $\delta_1=\{\boldsymbol{x}|d(\boldsymbol{x})<r\}$。当 $d\left(\boldsymbol{x}'_{t+1}\right)=r$ 时, $f_{\boldsymbol{x}_{t+1}}\left(\boldsymbol{x}|d\left(\boldsymbol{x}'_{t+1}\right)=r\right)$ 表示 $\boldsymbol{x}_{t+1}$ 的概率密度函数。

当 $\boldsymbol{u}$ 服从均匀分布时, 给定一个解 $\boldsymbol{x}_t$, 则 $\boldsymbol{x}'_{t+1}$ 的范围是有限的, 可表示为 $\delta_2=\left\{\boldsymbol{x}\left|\left|(\boldsymbol{x}-\boldsymbol{x}'_{t+1})_i\right|\leqslant1,i=1,2,\cdots,n\right.\right\}$。在空间 $\mathbf{R}^n-\delta_2=\left\{\boldsymbol{x}\left|\left|(\boldsymbol{x}-\boldsymbol{x}'_{t+1})_i\right|>1,\right.\right.$ $i=1,2,\cdots,n\}$ 中, 概率密度函数 $f_{\boldsymbol{x}_{t+1}}\left(\boldsymbol{x}|d\left(\boldsymbol{x}'_{t+1}\right)=r\right)=0$。因此,

$$E\left[d\left(\boldsymbol{x}'_{t+1}\right)-d\left(\boldsymbol{x}_{t+1}\right)|d\left(\boldsymbol{x}'_{t+1}\right)=r\right]=\int_{\delta}f_{\boldsymbol{x}_{t+1}}\left(\boldsymbol{x}|d\left(\boldsymbol{x}'_{t+1}\right)=r\right)(r-d(\boldsymbol{x}))\,\mathrm{d}\boldsymbol{x}$$

其中, $\delta=\delta_1\bigcap\delta_2$。当 $|\boldsymbol{x}|\neq0$ 和 $r\leqslant0.5$ 时, 有 $|d(\boldsymbol{x})|<|\boldsymbol{x}|$, 即 $\delta_1\bigcap\delta_2=\delta_1$, 也就是 $\delta=\delta_1$。因此,

$$\int_{\delta}f_{\boldsymbol{x}_{t+1}}\left(\boldsymbol{x}|d\left(\boldsymbol{x}'_{t+1}\right)=r\right)(r-d(\boldsymbol{x}))\,\mathrm{d}\boldsymbol{x}=\left(\frac{1}{2^n}\right)\int_{\delta}(r-d(\boldsymbol{x}))\,\mathrm{d}\boldsymbol{x}$$

然后可得, 当 $r\leqslant0.5$ 时,

$$E\left[d\left(\boldsymbol{x}'_{t+1}\right)-d\left(\boldsymbol{x}_{t+1}\right)|d\left(\boldsymbol{x}'_{t+1}\right)=r\right]=2^{-n}\cdot r^{n+1}\cdot\pi^{\frac{n}{2}}\bigg/\left(\Gamma\left(\frac{n}{2}+1\right)\cdot(n+1)\right)$$

引理 2.3 得证。 $\square$

引理 2.3 描述了 $\boldsymbol{x}_{t+1}$ 相对于 $\boldsymbol{x}'_{t+1}$ 的增益期望, 基于此, 引理 2.4 证明了 $\boldsymbol{x}_{t+1}$ 相对于 $\boldsymbol{x}_t$ 的增益期望将不小于 $\boldsymbol{x}_{t+1}$ 相对于 $\boldsymbol{x}'_{t+1}$ 的增益期望。

引理 2.4 在 PSO-SP-I 算法中, $G(r)$ 可表示为

$$\begin{aligned}G(r)&=E\left[d\left(\boldsymbol{x}_t\right)-d\left(\boldsymbol{x}_{t+1}\right)|d\left(\boldsymbol{x}_t\right)=r\right]\\&=E\left[d\left(\boldsymbol{x}'_{t+1}\right)-d\left(\boldsymbol{x}_{t+1}\right)|d\left(\boldsymbol{x}'_{t+1}\right)=r'\right]+r-r'\\&\geqslant E\left[d\left(\boldsymbol{x}'_{t+1}\right)-d\left(\boldsymbol{x}_{t+1}\right)|d\left(\boldsymbol{x}'_{t+1}\right)=r\right]\end{aligned}$$

证明　首先观察到

$$E\left[d\left(\boldsymbol{x}'_{t+1}\right)-d\left(\boldsymbol{x}_{t+1}\right)|d\left(\boldsymbol{x}'_{t+1}\right)=r\right]-E\left[d\left(\boldsymbol{x}'_{t+1}\right)-d\left(\boldsymbol{x}_{t+1}\right)|d\left(\boldsymbol{x}'_{t+1}\right)=r'\right]-(r-r')$$

$$=\frac{r^{n+1}-r'^{n+1}}{2^n\cdot\Gamma\left(\dfrac{n}{2}+1\right)\cdot(n+1)}-(r-r')$$

$$=\frac{(r-r')\cdot\displaystyle\sum_{i=1}^{n}r^{n-i}\cdot r'^{i-1}}{2^n\cdot\Gamma\left(\dfrac{n}{2}+1\right)\cdot(n+1)}-(r-r')$$

$$=\left(\frac{\displaystyle\sum_{i=1}^{n}r^{n-i}\cdot r'^{i-1}}{2^n\cdot\Gamma\left(\dfrac{n}{2}+1\right)\cdot(n+1)}-1\right)\cdot(r-r')$$

显然，$\dfrac{\displaystyle\sum_{i=1}^{n}r^{n-i}\cdot r'^{i-1}}{2^n\cdot\Gamma\left(\dfrac{n}{2}+1\right)\cdot(n+1)}-1<0$。因此，

$$E\left[d\left(\boldsymbol{x}'_{t+1}\right)-d\left(\boldsymbol{x}_{t+1}\right)|d\left(\boldsymbol{x}'_{t+1}\right)=r\right]-E\left[d\left(\boldsymbol{x}'_{t+1}\right)-d\left(\boldsymbol{x}_{t+1}\right)|d\left(\boldsymbol{x}'_{t+1}\right)=r'\right]-(r-r')$$

$$=\left(\frac{\displaystyle\sum_{i=1}^{n}r^{n-i}\cdot r'^{i-1}}{2^n\cdot\Gamma\left(\dfrac{n}{2}+1\right)\cdot(n+1)}-1\right)\cdot(r-r')\leqslant 0$$

引理 2.4 得证。　　　　　　　　　　　　　　　　　　　　　　　　□

根据引理 2.3 和引理 2.4，可得 PSO-SP-I 算法的平均增益 $G(r)$。

引理 2.5　当 $r\leqslant 0.5$ 时，PSO-SP-I 算法的平均增益满足下式：

$$G(r)\geqslant 2^{-n}\cdot r^{n+1}\cdot\pi^{\frac{n}{2}}\Big/\left(\Gamma\left(\frac{n}{2}+1\right)\cdot(n+1)\right) \tag{2.5}$$

证明　根据引理 2.3 和引理 2.4，可得

$$G(r)\geqslant E\left[d\left(\boldsymbol{x}'_{t+1}\right)-d\left(\boldsymbol{x}_{t+1}\right)|d\left(\boldsymbol{x}'_{t+1}\right)=r\right]$$

$$=2^{-n}\cdot r^{n+1}\cdot\pi^{\frac{n}{2}}\Big/\left(\Gamma\left(\frac{n}{2}+1\right)\cdot(n+1)\right)$$

引理 2.5 得证。　　　　　　　　　　　　　　　　　　　　　　　　□

由引理 2.5 的结论可以看出，PSO-SP-I 算法的平均增益 $G(r)$ 是一个在实数域可积的函数，所以可以直接根据推论 2.1 得到定理 2.4 的结论。

定理 2.4 给定初始解 $\boldsymbol{x}_0$ 满足 $d\left(\boldsymbol{x}_0\right)=0.5$，那么 PSO-SP-I 算法达到精度 $d\left(\boldsymbol{x}_t\right)\leqslant\varepsilon$ 的平均时间复杂度满足：

$$E\left(T|_{\varepsilon}^{0.5}\right)\leqslant\Gamma\left(\frac{n}{2}+1\right)\cdot\frac{(n+1)}{n}\cdot2^n/\pi^{\frac{n}{2}}\cdot\left(\frac{1}{\varepsilon^n}-\frac{1}{0.5^n}\right) \tag{2.6}$$

证明 首先由推论 2.1 可知，

$$E\left(T|_{\varepsilon}^{0.5}\right)=\int_{\varepsilon}^{0.5}\frac{1}{G\left(r\right)}\mathrm{d}r$$

然后由引理 2.5 可知，

$$G\left(r\right)\geqslant2^{-n}\cdot r^{n+1}\cdot\pi^{\frac{n}{2}}/\left(\Gamma\left(\frac{n}{2}+1\right)\cdot(n+1)\right)$$

最后结合推论 2.1 和引理 2.5，可得

$$\begin{aligned}
E\left(T|_{\varepsilon}^{0.5}\right)&=\int_{\varepsilon}^{0.5}\frac{1}{G\left(r\right)}\mathrm{d}r\leqslant\int_{\varepsilon}^{0.5}\Gamma\left(\frac{n}{2}+1\right)\cdot(n+1)\cdot r^{-(n+1)}\cdot\frac{\sqrt{\pi}^{-n}}{2^{-n}}\mathrm{d}r\\
&=\Gamma\left(\frac{n}{2}+1\right)\cdot(n+1)\cdot\int_{\varepsilon}^{0.5}r^{-(n+1)}\cdot\sqrt{\pi}^{-n}\cdot2^n\mathrm{d}r\\
&=\Gamma\left(\frac{n}{2}+1\right)\cdot(n+1)\cdot\sqrt{\pi}^{-n}\cdot2^n\cdot\int_{\varepsilon}^{0.5}r^{-(n+1)}\mathrm{d}r\\
&=\Gamma\left(\frac{n}{2}+1\right)\cdot\frac{(n+1)}{n}\cdot\sqrt{\pi}^{-n}\cdot2^n\cdot\left(-\frac{1}{n}\cdot r^{-n}|_{r=\varepsilon}^{0.5}\right)\\
&=\Gamma\left(\frac{n}{2}+1\right)\cdot\frac{(n+1)}{n}\cdot\sqrt{\pi}^{-n}\cdot2^n\cdot\left(\varepsilon^{-n}-0.5^{-n}\right)\\
&=\Gamma\left(\frac{n}{2}+1\right)\cdot(n+1)/n\cdot2^n/\sqrt{\pi}^n\cdot\left(\frac{1}{\varepsilon^n}-\frac{1}{0.5^n}\right)
\end{aligned}$$

定理 2.4 得证。 □

定理 2.4 给出了 PSO-SP-I 算法的期望首达时间，根据符号 Θ 的运算规则，PSO-SP-I 算法的时间复杂度为 $\Theta\left(\Gamma\left(\frac{n}{2}+1\right)\cdot\left(\frac{2}{\varepsilon\sqrt{\pi}}\right)^n\right)$。

2）PSO-SP-II 算法的时间复杂度分析

与 PSO-SP-I 算法的分析类似，PSO-SP-II 算法的期望首达时间可以记为 $E\left(T|_{\varepsilon}^{0.5}\right)$。PSO-SP-II 算法的平均增益函数 $G\left(r\right)$ 的计算步骤也与 PSO-SP-I 算法的计算步骤一样。首先，引理 2.6 给出了 $\boldsymbol{x}_{t+1}$ 相对于 $\boldsymbol{x}_{t+1}'$ 的增益期望，然后在此基础上，引理 2.7 和引理 2.8 证明了 $\boldsymbol{x}_{t+1}$ 相对于 $\boldsymbol{x}_t$ 的增益期望将不小于 $\boldsymbol{x}_{t+1}$ 相对于 $\boldsymbol{x}_{t+1}'$ 的增益期望。最后，定理 2.5 给出了 PSO-SP-II 算法的平均增益。

引理 2.6　在 PSO-SP-II 算法中，数学期望 $E\left[d\left(\boldsymbol{x}'_{t+1}\right)-d\left(\boldsymbol{x}_{t+1}\right)\mid d\left(\boldsymbol{x}'_{t+1}\right)=r\right]$ 满足：

$$\frac{\mathrm{e}^{-\frac{r^2}{2}}\cdot r^{n+1}}{\Gamma\left(\frac{n}{2}+1\right)\cdot\left(\sqrt{2}\right)^n\cdot(n+1)}\leqslant E\left[d\left(\boldsymbol{x}'_{t+1}\right)-d\left(\boldsymbol{x}_{t+1}\right)\mid d\left(\boldsymbol{x}'_{t+1}\right)=r\right]$$

$$\leqslant\frac{r^{n+1}}{\Gamma\left(\frac{n}{2}+1\right)\cdot\left(\sqrt{2}\right)^n\cdot(n+1)} \tag{2.7}$$

证明　首先，

$$E\left[d\left(\boldsymbol{x}'_{t+1}\right)-d\left(\boldsymbol{x}_{t+1}\right)\mid d\left(\boldsymbol{x}'_{t+1}\right)=r\right]=\int_\delta f_{\boldsymbol{x}_{t+1}}\left(\boldsymbol{x}\mid d\left(\boldsymbol{x}'_{t+1}\right)=r\right)(r-d(\boldsymbol{x}))\,\mathrm{d}\boldsymbol{x}$$

其中，$\delta=\{\boldsymbol{x}\mid d(\boldsymbol{x})<r\}$；$f_{\boldsymbol{x}_{t+1}}(\boldsymbol{x}\mid d\left(\boldsymbol{x}'_{t+1}\right)=r)$ 表示当 $d\left(\boldsymbol{x}'_{t+1}\right)=r$ 时，$\boldsymbol{x}_{t+1}$ 的概率密度函数。

当 $d\left(\boldsymbol{x}_{t+1}\right)<d\left(\boldsymbol{x}'_{t+1}\right)=r$ 时，$\boldsymbol{x}_{t+1}=\boldsymbol{x}'_{t+1}+\boldsymbol{u}$。因此，$f_{\boldsymbol{x}_{t+1}}(\boldsymbol{x}\mid d\left(\boldsymbol{x}'_{t+1}\right)=r)$ 等价于 $f_{\boldsymbol{u}}(\boldsymbol{x})$。其中，$\boldsymbol{u}=\boldsymbol{x}_{t+1}-\boldsymbol{x}'_{t+1}$，$f_{\boldsymbol{u}}(\boldsymbol{x})$ 为 $\boldsymbol{u}$ 的概率密度函数，即

$$f_{\boldsymbol{u}}(\boldsymbol{x})=\prod_{i=1}^n f_2(x_i)=\frac{1}{\left(\sqrt{2\pi}\right)^n}\cdot\mathrm{e}^{-\frac{d(\boldsymbol{x})^2}{2}}$$

显然，$f_{\boldsymbol{u}}(\boldsymbol{x})$ 随着 $\boldsymbol{u}$ 的长度减少而减少，又因为在连续型 PSO-SP-II 算法中，$0\leqslant d(\boldsymbol{u})\leqslant 2d\left(\boldsymbol{x}'_{t+1}\right)=2r$，因此，

$$\frac{1}{\left(\sqrt{2\pi}\right)^n}\cdot\mathrm{e}^{-\frac{d(\boldsymbol{x})^2}{2}}\leqslant f_{\boldsymbol{u}}(\boldsymbol{x})\leqslant\frac{1}{\left(\sqrt{2\pi}\right)^n}$$

因此，

$$\frac{1}{\left(\sqrt{2\pi}\right)^n}\cdot\mathrm{e}^{-\frac{d(\boldsymbol{x})^2}{2}}\leqslant f_{\boldsymbol{x}_{t+1}}(\boldsymbol{x}\mid d\left(\boldsymbol{x}'_{t+1}\right)=r)\leqslant\frac{1}{\left(\sqrt{2\pi}\right)^n}$$

由上式可得

$$\frac{1}{\left(\sqrt{2\pi}\right)^n}\cdot\mathrm{e}^{-\frac{d(\boldsymbol{x})^2}{2}}\cdot\int_\delta f_{\boldsymbol{x}_{t+1}}\left(\boldsymbol{x}\mid d\left(\boldsymbol{x}'_{t+1}\right)=r\right)\mathrm{d}\boldsymbol{x}\leqslant E\left[d\left(\boldsymbol{x}'_{t+1}\right)-d\left(\boldsymbol{x}_{t+1}\right)\mid d\left(\boldsymbol{x}'_{t+1}\right)=r\right]$$

$$\leqslant\frac{1}{\left(\sqrt{2\pi}\right)^n}\cdot\int_\delta f_{\boldsymbol{x}_{t+1}}\left(\boldsymbol{x}\mid d\left(\boldsymbol{x}'_{t+1}\right)=r\right)\mathrm{d}\boldsymbol{x}$$

因此，有

$$\frac{\mathrm{e}^{-\frac{r^2}{2}} \cdot r^{n+1}}{\Gamma\left(\frac{n}{2}+1\right) \cdot \left(\sqrt{2}\right)^n \cdot (n+1)} \leqslant E\left[d\left(\boldsymbol{x}'_{t+1}\right) - d\left(\boldsymbol{x}_{t+1}\right) \middle| d\left(\boldsymbol{x}'_{t+1}\right) = r\right]$$

$$\leqslant \frac{r^{n+1}}{\Gamma\left(\frac{n}{2}+1\right) \cdot \left(\sqrt{2}\right)^n \cdot (n+1)}$$

引理 2.6 得证。 □

引理 2.7 在 PSO-SP-II 算法中，$G(r)$ 可表示为

$$G(r) = E\left[d\left(\boldsymbol{x}_t\right) - d\left(\boldsymbol{x}_{t+1}\right) \middle| d\left(\boldsymbol{x}_t\right) = r\right]$$

$$= E\left[d\left(\boldsymbol{x}'_{t+1}\right) - d\left(\boldsymbol{x}_{t+1}\right) \middle| d\left(\boldsymbol{x}'_{t+1}\right) = r'\right] + r - r'$$

$$\geqslant E\left[d\left(\boldsymbol{x}'_{t+1}\right) - d\left(\boldsymbol{x}_{t+1}\right) \middle| d\left(\boldsymbol{x}'_{t+1}\right) = r\right]$$

证明 证明过程与引理 2.4 的证明过程类似。引理 2.7 得证。 □

根据引理 2.6 和引理 2.7，可得 PSO-SP-II 算法的平均增益 $G(r)$。

引理 2.8 当 $r \leqslant 0.5$ 时，PSO-SP-II 算法的平均增益满足下式：

$$G(r) \geqslant \frac{\mathrm{e}^{-\frac{r^2}{2}} \cdot r^{n+1}}{\Gamma\left(\frac{n}{2}+1\right) \cdot \left(\sqrt{2}\right)^n \cdot (n+1)} \tag{2.8}$$

证明 根据引理 2.6 和引理 2.7 可以直接得到

$$G(r) \geqslant E\left[d\left(\boldsymbol{x}'_{t+1}\right) - d\left(\boldsymbol{x}_{t+1}\right) \middle| d\left(\boldsymbol{x}'_{t+1}\right) = r\right]$$

$$\geqslant \frac{\mathrm{e}^{-\frac{r^2}{2}} \cdot r^{n+1}}{\Gamma\left(\frac{n}{2}+1\right) \cdot \left(\sqrt{2}\right)^n \cdot (n+1)}$$

引理 2.8 得证。 □

由引理 2.8 的结论可以看出，PSO-SP-II 算法的平均增益 $G(r)$ 是一个在实数域可积的函数，所以可以直接根据推论 2.1 得到定理 2.5 的结论。

定理 2.5 给定初始解 $\boldsymbol{x}_0$ 满足 $d(\boldsymbol{x}_0) = 0.5$，那么 PSO-SP-II 算法达到精度 $d(\boldsymbol{x}_t) \leqslant \varepsilon$ 的平均时间复杂度满足

$$E\left(T|_{\varepsilon}^{0.5}\right) < \Gamma\left(\frac{n}{2}+1\right) \cdot (n+1)/n \cdot \left(\sqrt{2}\right)^n \cdot \frac{1}{n \cdot \varepsilon^n} \tag{2.9}$$

证明　对 $E\left(T|_{\varepsilon}^{0.5}\right)$，有下面不等式成立：

$$E\left(T|_{\varepsilon}^{0.5}\right) \leqslant \int_{\varepsilon}^{0.5} \frac{1}{G_l(r)} \mathrm{d}r \leqslant \Gamma\left(\frac{n}{2}+1\right) \cdot (n+1) \cdot \left(\sqrt{2}\right)^n \int_{\varepsilon}^{0.5} r^{-(n+1)} \cdot \mathrm{e}^{2r^2} \mathrm{d}r$$

$$< \Gamma\left(\frac{n}{2}+1\right) \cdot (n+1) \cdot \left(\sqrt{2}\right)^n \cdot \mathrm{e}^2 \cdot \int_{\varepsilon}^{0.5} r^{-(n+1)} \mathrm{d}r$$

$$= \Gamma\left(\frac{n}{2}+1\right) \cdot (n+1) \cdot \left(\sqrt{2}\right)^n \cdot \mathrm{e}^2 \cdot \left(\frac{-1}{n \cdot (0.5)^n} + \frac{1}{n \cdot \varepsilon^n}\right)$$

$$< \Gamma\left(\frac{n}{2}+1\right) \cdot (n+1)/n \cdot \left(\sqrt{2}\right)^n \cdot \frac{1}{n \cdot \varepsilon^n}$$

定理 2.5 得证。　　　　　　　　　　　　　　　　　　　　　　　　　　　□

定理 2.5 给出了 PSO-SP-II 算法的期望首达时间，根据符号 Θ 的运算规则，PSO-SP-II 算法的时间复杂度为 $\Theta\left(\Gamma\left(\frac{n}{2}+1\right) \cdot \left(\frac{\sqrt{2}}{\varepsilon}\right)^n\right)$。

由定理 2.4 和定理 2.5 可知，PSO-SP-I 算法和 PSO-SP-II 算法的时间复杂度都比较高。当给定相同精度 ε 和初始适应值差 $d(\boldsymbol{x}_0) = 0.5$ 时，可以由定理 2.4 和定理 2.5 对比出两个算法的时间复杂度。假设 t_1 是 PSO-SP-I 的平均时间复杂度，t_2 是 PSO-SP-II 的平均时间复杂度，则有

$$\lim_{n \to +\infty} \frac{t_2}{t_1} = \lim_{n \to +\infty} \frac{\Gamma\left(\frac{n}{2}+1\right) \cdot \left(\frac{\sqrt{2}}{\varepsilon}\right)^n}{\Gamma\left(\frac{n}{2}+1\right) \cdot \left(\frac{2}{\varepsilon\sqrt{\pi}}\right)^n} = \left(\sqrt{\frac{\pi}{2}}\right)^n = +\infty$$

$$\lim_{n \to +\infty} \frac{t_1}{t_2} = 0 \tag{2.10}$$

即 PSO-SP-I 算法时间复杂度低于 PSO-SP-II 算法，均匀分布随机扰动在求解球型函数时的性能优于标准正态分布随机扰动。

2.5　粒子群优化算法时间复杂度估算的实验方法

2.4 节给出了粒子群优化算法的时间复杂度分析方法以及其中的两个案例。从 2.4 节可以看到，即使面对简化的粒子群优化算法，通过数学方法分析时间复杂度的过程仍异常复杂烦琐。当需要分析实际应用中的粒子群优化算法时间复杂度时，分析难度将进一步提升。基于平均增益模型[46]，Huang 等提出了一个可用于连续型优化算法时间复杂度估算的实验方法[29]。该方法通过采集优化算法的平均增益，基于拟合等方式实现了用计算机自动估算优化算法的时间复杂度，大幅降低了群体智能优化算法时间复杂度的分析难度。2.5.1 节将阐述该实验方法的

原理与过程，2.5.2 节~2.5.4 节将采用该实验方法对 SPSO 算法[30]、CLPSO 算法[32] 和 ELPSO 算法[33] 这三种实用算法的时间复杂度进行分析验证。

2.5.1 基于平均增益模型的 PSO 算法时间复杂度估算方法

该时间复杂度估算方法所基于的平均增益模型[46] 是 2.4 节所提模型的扩展版本，两者有所区别。如无特别说明，本节中出现的平均增益皆指文献 [46] 中的平均增益。本节先对平均增益模型进行拓展，然后对估算方法进行介绍。

定理 2.6 令 $\{X_t\}_0^\infty$ 为一个随机过程，对任意 $t \geqslant 0$，均满足 $X_t \geqslant 0$。令 $h : (0, X_0] \to \mathbf{R}^+$ 单调递增，如果 $E(X_t - X_{t+1}|H_t) \geqslant h(X_t)$ 在 $X_0 > \varepsilon > 0$ 上成立，则

$$E(T_\varepsilon|X_0) \leqslant 1 + \int_\varepsilon^{X_0} \frac{1}{h(x)} \mathrm{d}x \tag{2.11}$$

定理 2.6 是平均增益模型中的核心定理。该定理将 2.2 节所提到的平均增益模型[10] 的适用范围扩展到了一般的随机过程。定理 2.6 提供了一种计算连续型优化算法 EFHT 的方法，即将算法建模成平均增益模型并找到一个满足条件的 $h(x)$，进而通过定理 2.6 得到算法的期望首达时间（EFHT）。

本节所使用的估算方法便是基于平均增益模型提出的。事实上，我们很难通过严格的理论推导为实用优化算法找到一个合适的 $h(x)$，使其既满足定理 2.6 中的条件，又是 $E(X_t - X_{t+1}|H_t)$ 的一个紧致的下界。本节中的估算方法则是通过在算法运行过程中进行采样并利用样本点拟合出满足条件的 $h(x)$。

在平均增益模型中，$h(x)$ 是求解 EFHT 的关键。这一函数是天然存在的，只是难以通过严格的理论推导出其数学表达形式。根据格里文科定理，随着样本数量增加，经验分布函数将收敛到真实分布函数[47]，因此，如果有大量的样本点 $(\boldsymbol{x}_t, h(x_t))$ 可以被收集，那么我们就能够通过这些样本点对 $h(x)$ 的函数形式进行拟合，得出 $h(x)$ 的函数表达式，进而通过平均增益模型计算 EFHT。下面给出算法 2.2。

算法 2.2 给出了估算方法的采样过程。其中，K 代表样本规模，即在一次采样过程中，K 个样本将被采集。一次采样结束后，K 个样本点的平均增益样本值需要加起来做一次平均，平均后的值代表了在本次采样中适应值差所对应的平均增益。在算法 2.2 中，我们为 N 集合中的每一个 n 元素都进行了一轮采样。设定的拟合函数形式为

$$f(v, n) = \frac{a \times v^b}{c \times n^d}, a, c, d > 0, b \geqslant 1 \tag{2.12}$$

其中，v 表示适应值差；a、b、c、d 表示需要通过拟合确定的系数。因为在拟合函

算法 2.2　　连续型优化算法时间复杂度估算方法的采样过程

输入：样本容量 K、问题规模的集合 $N = \{n_1, n_2, \cdots, n_j\}$

输出：最优解 x_t、适应值差 $d'_{\min}$、平均增益 $\bar{G}$

1: 　初始化种群 P_0
2: **for** n 取遍 N 的值 **do**
3: 　**while** 未达到终止条件 **do**
4: 　　**for** $i = 1$ 到 K **do**
5: 　　　通过算法迭代公式产生子代种群 P'
6: 　　　评估父代种群和子代种群中每个个体的适应值 $f(x), x \in \left\{ P, P' \right\}$
7: 　　　收集最小适应值差 $d'_{\min} = \min \left\{ d(x) | x \in P, P' \right\}$
8: 　　　通过计算产生子代前收集的最小适应值差和产生子代后的最小适应值差的差值
　　　　获得增益 $G_i = d_{\min} - d'_{\min}$
9: 　　**end for**
10: 　　计算平均增益 $\bar{G} = \dfrac{1}{K} \sum\limits_{i=1}^{K} G_i$
11: 　　在父代种群和子代种群中选择个体作为新的父代种群
12: 　**end while**
13: 　输出找到的最优解 x_t、适应值差 $d'_{\min}$ 与平均增益 $\bar{G}$
14: **end for**

数的形式上考虑了问题规模 n 的影响，所以在采样的过程中需要针对不同的 n 进行采样。因此，采样的规则并不是固定的，算法 2.2 所给出的采样规则是根据所需拟合的函数来确定的。在式 (2.12) 中存在两个函数变量：适应值差 v 和问题规模 n。适应值差是平均增益模型中需要被考虑的因素，而问题规模 n 则是一个影响算法时间复杂度的潜在因素，将 n 作为拟合函数的一个函数变量，可以观察问题规模对时间复杂度的影响。

　　为进一步降低算法时间复杂度估算方法的使用门槛，Huang 等基于文献 [28] 构建了算法复杂度分析系统 (http://www.eatimecomplexity.net/)。通过上传问题维度、适应值差以及增益这三项数据，系统将自动生成时间复杂度估算结果。图 2.1 展示了 PSO 求解 $f_1(\text{sphere})$ 函数的时间复杂度估算结果。

2.5.2　SPSO 算法的时间复杂度估算结果与分析

　　标准粒子群优化（SPSO）算法[29] 是大家公认的标准 PSO 形式，很多 PSO 的变体都是在它的框架上进行改进的，并且这个 PSO 算法不是简化版本的，其粒子数大于 1。算法 2.3 给出了 SPSO 算法的详细流程。其中，$\boldsymbol{v}_{t,i} = \left(v_{t,i}^1, v_{t,i}^2, \cdots, v_{t,i}^n \right)$ 表示第 t 代第 i 个粒子的速度；$\boldsymbol{x}_{t,i} = \left(x_{t,i}^1, x_{t,i}^2, \cdots, x_{t,i}^n \right)$ 表示第 t 代第 i 个粒子的

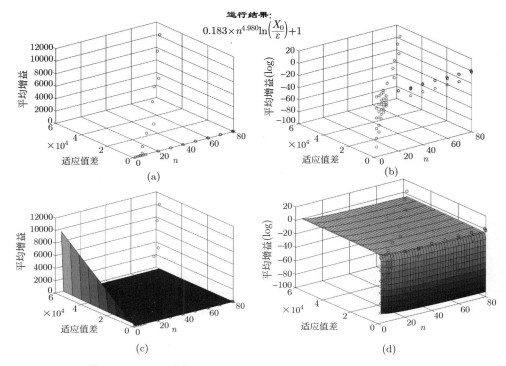

图 2.1　PSO 求解 f_1 (sphere) 函数的平均增益 (见文后彩插)

（a）平均增益与适应值差和问题规模；（b）平均增益的对数与适应值差和问题规模；

（c）对平均增益的曲面拟合；（d）对平均增益的对数的曲面拟合

算法 2.3　SPSO 算法

1:　初始化种群信息：$\boldsymbol{v}_0$、$\boldsymbol{x}_0$、$\boldsymbol{p}_0$

2:　$t = 1$、$\boldsymbol{g}_0 = $ 适应值最好的 $\boldsymbol{p}_0$

3:　**while** 未达到终止条件 **do**

4:　　**for** $i = 1$ 到 k **do**

5:　　　**for** $d = 1$ 到 n **do**

6:　　　　$v_{t,i}^d = w v_{t-1,i}^d + c_1 r_{i,1}^d \left(p_{t-1,i}^d - x_{t-1,i}^d \right) + c_2 q_{i,1}^d \left(g_{t-1} - x_{t-1,i}^d \right)$

7:　　　　$x_{t,i}^d = x_{t-1,i}^d + v_{t,i}^d$

8:　　　**end for**

9:　　　$p_{t,i} = \underset{f(x)}{\arg\min} \left\{ x_{t,i}, p_{t-1,i} \right\}$

10:　　　$g_t = \underset{f(x)}{\arg\min} \left\{ p_{t,i}, g_{t-1} \right\}$

11:　　**end for**

12:　　$t = t + 1$

13:　**end while**

14:　输出找到的最优解 $\boldsymbol{x}_t$

位置；$\boldsymbol{p}_{t,i} = \left(p_{t,i}^1, p_{t,i}^2, \cdots, p_{t,i}^n\right)$ 表示第 t 代第 i 个粒子的 pbest，$\boldsymbol{g}_t = \left(g_t^1, g_t^2, \cdots, g_t^n\right)$ 表示算法的 gbest，即算法目前所找到的最优解；k 表示种群规模；n 表示问题维度；$f(*)$ 表示适应值函数。在下面对 SPSO 算法时间复杂度的估算中，我们将分析参数 w、c_1 和 c_2 对时间复杂度的影响。

SPSO 算法的函数拟合形式可由下式表示：

$$f(w, c_1, c_2, d) = \varphi(w)\varphi(c_1)\varphi(c_2) b_1 d^{b_2}, \quad b_1 > 0, b_2 \geqslant 1 \tag{2.13}$$

其中，$\varphi(x) = a_1 x^2 + a_2 x + a_3$。式 (2.13) 为多个二次函数相乘的形式，每个参数作为一个二次函数的自变量。在 SPSO 算法中，参数 w 的参数池设置为 $W = \{0.5, 0.6, 0.7, 0.8, 0.9\}$，$c_1$ 和 c_2 的参数池设置为 $C = \{1.2, 1.3, 1.4, 1.5, 1.6\}$。由于在样本点附近的拟合比较贴近实际的函数，因此可以在人们感兴趣的参数区间得到更准确的分析。基于此，SPSO 算法的采样伪代码可表示为算法 2.4。

算法 2.4　SPSO 算法时间复杂度估算方法的采样过程

输入：样本容量 K、w 参数池 W、c_1, c_2 的参数池 C
输出：最优解 x_t、适应值差 $d'_{\min}$、平均增益 $\bar{G}$

1: 初始化种群 P_0
2: **for** w 取遍 W 的值 **do**
3: 　**while** c_1, c_2 未取遍 C 的值 **do**
4: 　　**while** 未达到终止条件 **do**
5: 　　　通过算法 2.3 中的迭代公式产生子代种群 P'
6: 　　　评估父代种群和子代种群中每个个体的适应值 $f(x), x \in \{P, P'\}$
7: 　　　收集最小适应值差 $d'_{\min} = \min\{d(x)|x \in P, P'\}$
8: 　　　通过计算产生子代前收集的最小适应值差和产生子代后的最小适应值差的差值获得增益 $G_i = d_{\min} - d'_{\min}$
9: 　　　计算平均增益 $\bar{G} = \dfrac{1}{K}\displaystyle\sum_{i=1}^{K} G_i$
10: 　　　在父代种群和子代种群中选择个体作为新的父代种群
11: 　　**end while**
12: 　　输出找到的最优解 x_t，适应值差 $d'_{\min}$ 与平均增益 $\bar{G}$
13: 　**end while**
14: **end for**

下面选取 4 个测试问题，分析 SPSO 算法在这 4 个测试问题上的时间复杂度。这 4 个测试问题来源于 CEC 的测试集[48]，分别记为 f_1、f_2、f_3 和 f_4。实验估算的平均增益分别如图 2.2～图 2.5 所示。

由实验估算的平均增益可以得到 SPSO 算法时间复杂度的估算结果，如表 2.1 所示。基于估算结果，在采样区间中极小化时间复杂度表达式，可以得到算法在求解对应问题时的最优参数组合，如表 2.2 所示。

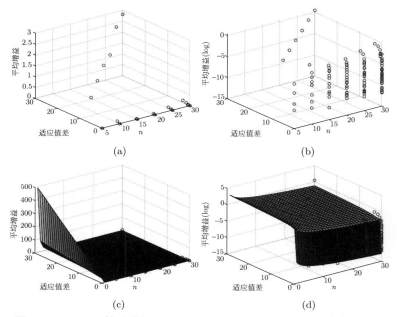

图 2.2　SPSO 算法求解 f_1(sphere) 函数的平均增益 (见文后彩插)

(a) 平均增益与适应值差和问题规模；(b) 平均增益的对数与适应值差和问题规模；
(c) 对平均增益的曲面拟合；(d) 对平均增益的对数的曲面拟合

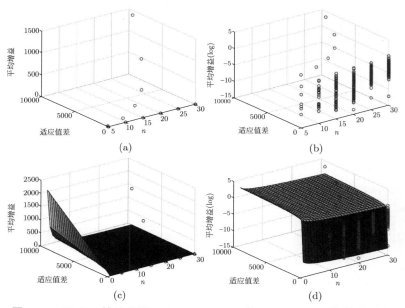

图 2.3　SPSO 算法求解 f_2(schwefel) 函数的平均增益 (见文后彩插)

(a) 平均增益与适应值差和问题规模；(b) 平均增益的对数与适应值差和问题规模；
(c) 对平均增益的曲面拟合；(d) 对平均增益的对数的曲面拟合

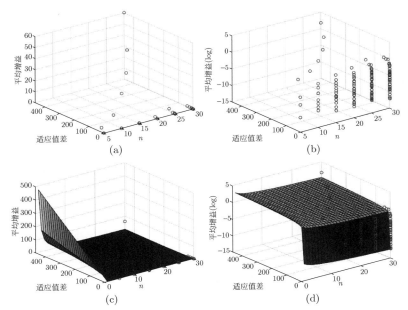

图 2.4　SPSO算法求解 f_3(rotated high conditioned elliptic)函数的平均增益(见文后彩插)
(a) 平均增益与适应值差和问题规模；(b) 平均增益的对数与适应值差和问题规模；
(c) 对平均增益的曲面拟合；(d) 对平均增益的对数的曲面拟合

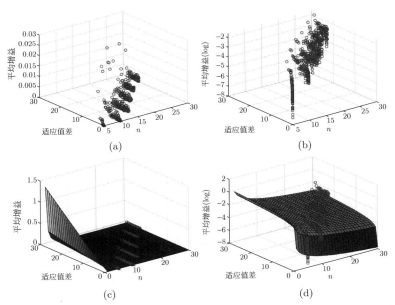

图 2.5　SPSO 算法求解 f_4(rosenbrock) 函数的平均增益 (见文后彩插)
(a) 平均增益与适应值差和问题规模；(b) 平均增益的对数与适应值差和问题规模；
(c) 对平均增益的曲面拟合；(d) 对平均增益的对数的曲面拟合

表 2.1　SPSO 算法时间复杂度的估算结果

适应值函数	时间复杂度	适应值函数	时间复杂度
f_1	$O\left(\dfrac{X_0^{-0.27} - \varepsilon^{-0.27}}{w^2 c_1{}^2 c_2{}^2}\right)$	f_3	$O\left(\dfrac{X_0^{-0.18} - \varepsilon^{-0.18}}{w^2 c_1{}^2 c_2{}^2}\right)$
f_2	$O\left(\dfrac{X_0^{-0.20} - \varepsilon^{-0.20}}{w^2 c_1{}^2 c_2{}^2}\right)$	f_4	$+\infty$

表 2.2　SPSO 算法的最优参数

算法	问题	估算最优参数组合	实际最优参数组合
	f_1	$w = 0.5, c_1 = 1.21, c_2 = 1.6$	$w = 0.5, c_1 = 1.6, c_2 = 1.6$
SPSO	f_2	$w = 0.5, c_1 = 1.6, c_2 = 1.2$	$w = 0.5, c_1 = 1.6, c_2 = 1.6$
	f_3	$w = 0.5, c_1 = 1.6, c_2 = 1.6$	$w = 0.5, c_1 = 1.6, c_2 = 1.6$

从表 2.2 可以看出，参数 w 的估算结果相对准确。

2.5.3　CLPSO 算法的时间复杂度估算结果与分析

综合学习粒子群优化（CLPSO）[32] 算法是 PSO 变体中在多峰和大规模问题中性能较好的算法。事实上，SPSO 算法与 CLPSO 算法这两个算法都是通过迭代更新粒子的速度 $\boldsymbol{v}_{t,i}$ 和位置 $\boldsymbol{x}_{t,i}$ 来达到在搜索空间中寻找最优解的目的。这两个算法框架是类似的，但速度更新公式是不同的。CLPSO 算法的迭代更新公式如下：

$$v_{t,i}^d = w v_{t-1,i}^d + c r_{i,1}^d \left(p_{t,f_i(d)}^d - x_{t-1,i}^d \right) \tag{2.14}$$

其中，函数 $f_i : \{1, 2, \cdots, n\} \to \{1, 2, \cdots, k\}$，其定义了第 i 个粒子的第 d 维速度更新中，使用的是第 $f_i(d)$ 个粒子的 p。

由于 CLPSO 算法的机制比较复杂，在此就不给出其详细的算法流程。下面将分析在 CLPSO 算法时间复杂度的估算中，参数 c 和参数 m 对时间复杂度的影响，m 代表当第 i 个粒子的 pbest 连续不更新的次数达到 m 次时，$f_i(d)$ 需要进行更新。

CLPSO 算法的函数拟合形式可由下式表示：

$$f(c, m, d) = \varphi(c) \varphi(m) b_1 d^{b_2}, \quad b_1 > 0, b_2 \geqslant 1 \tag{2.15}$$

在 CLPSO 算法中，c 的参数池设置为 $C_s = \{1.2, 1.3, 1.4, 1.5, 1.6\}$，$m$ 的参数池设置为 $M = \{5, 6, 7, 8, 9\}$。CLPSO 算法的采样步骤与 SPSO 算法类似。

下面选取 4 个测试问题，分析 CLPSO 算法在这 4 个测试问题上的时间复杂度。这 4 个测试问题来源于 CEC 的测试集[48]，分别记为 f_1、f_2、f_3、f_4。实验估算的平均增益分别如图 2.6～图 2.9 所示。

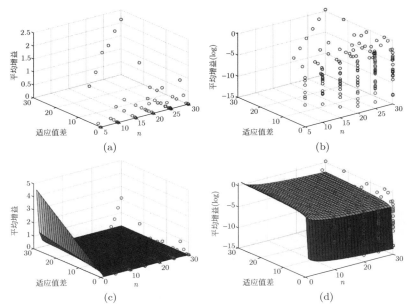

图 2.6　CLPSO 算法求解 f_1(sphere) 函数的平均增益 (见文后彩插)
(a) 平均增益与适应值差和问题规模；(b) 平均增益的对数与适应值差和问题规模；
(c) 对平均增益的曲面拟合；(d) 对平均增益的对数的曲面拟合

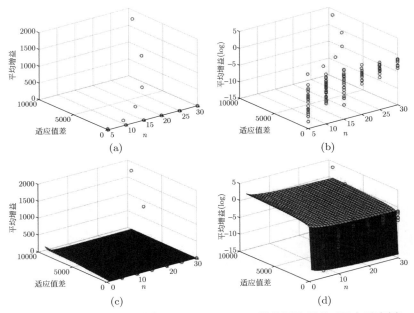

图 2.7　CLPSO 算法求解 f_2(schwefel) 函数的平均增益 (见文后彩插)
(a) 平均增益与适应值差和问题规模；(b) 平均增益的对数与适应值差和问题规模；
(c) 对平均增益的曲面拟合；(d) 对平均增益的对数的曲面拟合

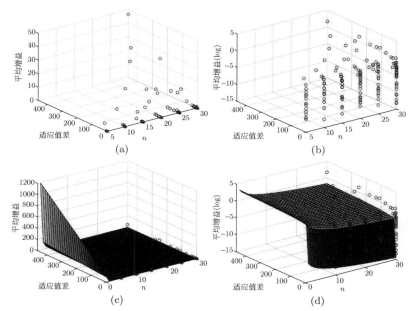

图 2.8　CLPSO算法求解 f_3(rotated high conditioned elliptic)函数的平均增益(见文后彩插)

(a) 平均增益与适应值差和问题规模；(b) 平均增益的对数与适应值差和问题规模；

(c) 对平均增益的曲面拟合；(d) 对平均增益的对数的曲面拟合

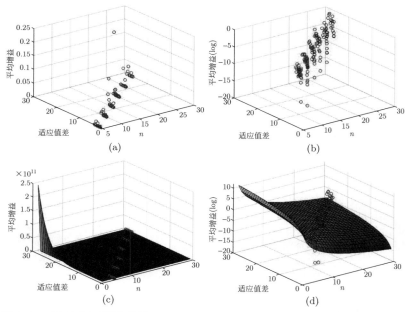

图 2.9　CLPSO 算法求解 f_4(rosenbrock) 函数的平均增益 (见文后彩插)

(a) 平均增益与适应值差和问题规模；(b) 平均增益的对数与适应值差和问题规模；

(c) 对平均增益的曲面拟合；(d) 对平均增益的对数的曲面拟合

由实验估算的平均增益得到的 CLPSO 算法时间复杂度估算结果如表 2.3 所示。基于估算结果，在采样区间中极小化时间复杂度表达式，可以得到算法在求解对应问题时的最优参数组合，如表 2.4 所示。根据 CLPSO 算法的数据，参数 c 对算法平均增益的影响较接近二次函数。

表 2.3　CLPSO 算法时间复杂度的估算结果

适应值函数	时间复杂度	适应值函数	时间复杂度
f_1	$O\left(\dfrac{X_0^{-0.24}-\varepsilon^{-0.24}}{c^2m^2}\right)$	f_3	$O\left(\dfrac{X_0^{-0.15}-\varepsilon^{-0.15}}{c^2m^2}\right)$
f_2	$O\left(\dfrac{X_0^{-0.21}-\varepsilon^{-0.21}}{c^2m^2}\right)$	f_4	$+\infty$

表 2.4　CLPSO 的最优参数

算法	问题	估算最优参数组合	实际最优参数组合
CLPSO	f_1	$c=1.6, m=9$	$c=1.6, m=9$
	f_2	$c=1.6, m=8$	$c=1.6, m=9$
	f_3	$c=1.6, m=8$	$c=1.6, m=9$

2.5.4　ELPSO 算法的时间复杂度估算结果与分析

基于实例的学习粒子群优化（ELPSO）算法[33] 是性能较好的算法。ELPSO 算法通过一个特殊的迭代更新机制来更新种群，即在每次迭代中对备选的几个子算法进行选择，并在迭代中使用所选算法的迭代更新机制。算法最初执行的时候，每个子算法被选择的概率相等。随着迭代的进行，被选择的概率将随着对应子算法更新算法最优值的成功率的提升而提升，且在每 L_P 次迭代后更新一次。下面将分析参数 L_P 对 ELPSO 算法时间复杂度的影响。由于 ELPSO 算法的机制比较复杂，本章不对 ELPSO 算法进行详细介绍[33]，仅对需要讨论的参数和基本的机制进行介绍。

ELPSO 函数拟合形式可由下式表示：

$$f(L_P, d) = \varphi(L_P) b_1 d^{b_2}, \quad b_1 > 0, b_2 \geqslant 1 \tag{2.16}$$

在 ELPSO 算法中，L_P 的参数池设置为 $L_P = \{40, 45, 50, 55, 60\}$。如此，便能在采样上保证样本点在参数上尽量均匀。ELPSO 的采样步骤与 SPSO 类似。

下面选取 4 个测试问题，分析 ELPSO 在这 4 个测试问题上的时间复杂度。这 4 个测试问题来源于 CEC 的测试集[48]，分别记为 f_1、f_2、f_3、f_4。实验估算的平均增益分别如图 2.10～图 2.13 所示。

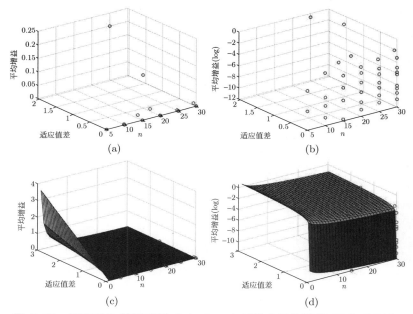

图 2.10　ELPSO 算法求解 f_1(sphere) 函数的平均增益 (见文后彩插)

(a) 平均增益与适应值差和问题规模；(b) 平均增益的对数与适应值差和问题规模；
(c) 对平均增益的曲面拟合；(d) 对平均增益的对数的曲面拟合

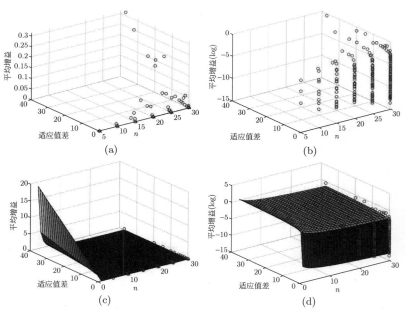

图 2.11　ELPSO 算法求解 f_2(schwefel) 函数的平均增益 (见文后彩插)

(a) 平均增益与适应值差和问题规模；(b) 平均增益的对数与适应值差和问题规模；
(c) 对平均增益的曲面拟合；(d) 对平均增益的对数的曲面拟合

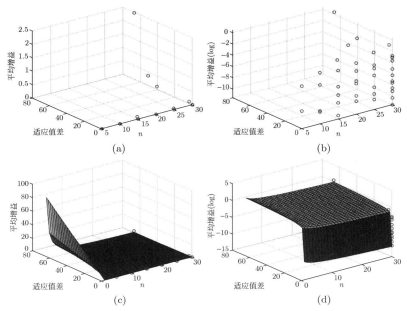

图 2.12　ELPSO算法求解f_3(rotated high conditioned elliptic)函数的平均增益(见文后彩插)

(a) 平均增益与适应值差和问题规模；(b) 平均增益的对数与适应值差和问题规模；
(c) 对平均增益的曲面拟合；(d) 对平均增益的对数的曲面拟合

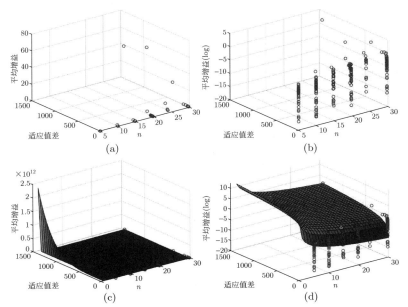

图 2.13　ELPSO 算法求解 f_4(rosenbrock) 函数的平均增益 (见文后彩插)

(a) 平均增益与适应值差和问题规模；(b) 平均增益的对数与适应值差和问题规模；
(c) 对平均增益的曲面拟合；(d) 对平均增益的对数的曲面拟合

由实验估算的平均增益可以得到 ELPSO 算法的时间复杂度的估算结果，如表 2.5 所示。基于估算结果，在采样区间中极小化时间复杂度表达式，可得到算法在求解对应问题时的最优参数组合，如表 2.6 所示。

表 2.5 ELPSO 时间复杂度的估算结果

适应值函数	时间复杂度	适应值函数	时间复杂度
f_1	$O\left(\dfrac{X_0^{-0.09} - \varepsilon^{-0.09}}{L_{\mathrm{P}}^2}\right)$	f_3	$O\left(\dfrac{X_0^{-0.04} - \varepsilon^{-0.04}}{L_{\mathrm{P}}^2}\right)$
f_2	$O\left(\dfrac{X_0^{-0.12} - \varepsilon^{-0.12}}{L_{\mathrm{P}}^2}\right)$	f_4	$O\left(\dfrac{X_0^{-0.08} - \varepsilon^{-0.08}}{L_{\mathrm{P}}^2}\right)$

表 2.6 ELPSO 算法的最优参数

算法	问题	估算最优参数组合	实际最优参数组合
ELPSO	f_1	$L_{\mathrm{P}} = 48$	$L_{\mathrm{P}} = 48$
	f_2	$L_{\mathrm{P}} = 60$	$L_{\mathrm{P}} = 60$
	f_3	$L_{\mathrm{P}} = 60$	$L_{\mathrm{P}} = 45$
	f_4	$L_{\mathrm{P}} = 60$	$L_{\mathrm{P}} = 60$

观察 ELPSO 算法的数据，算法在 f_3 上的估算结果与实际结果不一致。在实际运行算法中，时间复杂度并未随算法参数的增大而产生先递减后递增的情况，不满足算法时间复杂度为二次函数的前提假设，因此估算结果与实际结果不一致。

2.6　本章小结

本章从收敛性与时间复杂度两方面研究了 PSO 算法及其变体的性质。我们通过差分方程分析了 SPSO 算法的收敛性，证明了算法在特定条件下将收敛至同一个值。在时间复杂度方面，我们构建了 PSO 算法的平均增益模型并推导分析了简化的 PSO 算法案例。基于平均增益模型，我们设计时间复杂度分析的实验方法以估算 SPSO 算法、CLPSO 算法、ELPSO 算法等 PSO 变体的时间复杂度，为粒子群优化算法的设计与分析提供了理论基础。

第 3 章　蚁群优化算法的理论基础

蚁群优化是一类受蚂蚁种群寻找路径的机制启发而设计的元启发式算法。在蚁群优化算法中,人工蚂蚁通过利用人工模拟的信息素痕迹为待解决的优化问题构建候选解,其中信息素痕迹随蚂蚁的搜索经历和其他潜在的启发式信息变化而变化[3]。

自 1992 年 Dorigo 提出第一个蚁群优化算法(ant colony optimization, ACO)[49]以来,研究者们已取得丰硕的研究成果,这些成果主要集中在启发式算法的变体、复杂优化问题的求解以及蚁群优化算法的性质等方面[50-55]。

本章将围绕蚁群优化算法的理论研究成果展开介绍,包括蚁群优化算法基本原理、数学模型、收敛性分析、时间复杂度分析以及相关案例研究等内容。

3.1　蚁群优化算法简介

与贪婪算法相比,蚁群优化算法中的随机机制可以增加解的多样性,从而能够搜索范围更大的解空间;同时,许多实际问题蕴含启发式信息,蚁群优化算法可以借助启发式信息引导人工蚂蚁访问更有潜力的解。此外,人工蚂蚁以类似强化学习的方式进行搜索,可以用于辅助蚁群优化算法在未来的迭代过程中构造新解。相较于单蚁搜索,采用蚁群开展搜索能够增加算法的全局搜索能力。

3.1.1　蚁群优化算法的基本框架

蚁群优化算法的应用范围广泛。理论上,蚁群优化算法可以用于所有可以找到特定解构造机制的组合优化问题。下面,我们先给出此类组合优化问题的通用定义,进而介绍蚁群优化算法的基本框架。

不失一般性地,下面的讨论均针对最小化问题。组合优化问题的通用模型定义如下。

定义 3.1 一个组合优化问题的模型 $P = \{S, \Omega, f\}$ 由以下部分组成:

(1) 定义在有限个决策变量的集合上的搜索空间 S, 每个决策变量对应一个有限的定义域, Ω 是关于决策变量的约束的集合;

(2) 目标函数 $f : S \to R_0^+$。

在实际问题中, 搜索空间 S 建立在有限个决策变量 X_i 的定义域集合之上, 其中 $i = 1, 2, \cdots, n$, n 是优化问题的维度。例如, 决策变量 X_i 从其定义域 D_i 中选取一值 $v_i^j \in D_i$, 使得 $X_i = v_i^j$。

一个可行解 $s = (X_1, X_2, \cdots, X_n) \in S$ 需要满足问题的所有约束 Ω, 如果约束集 Ω 为空集, 那么问题属于无约束优化问题, 否则属于带约束优化问题。当且仅当可行解 $s^* \in S$ 满足 $\forall s \in S$, $f(s^*) \leqslant f(s)$ 时, 称 s^* 为组合优化问题 P 的全局最优解, 并记所有全局最优解的集合为 $S^* \subseteq S$。

蚁群优化算法的伪代码如算法 3.1 所示[50]。在初始化算法参数和信息素痕迹之后, 蚁群优化算法的主循环部分主要包含三个步骤: 首先, 种群内每个人工蚂蚁基于信息素痕迹和其他可能的启发式信息为待求解的问题构造新解; 然后, 使用局部搜索方法改进人工蚂蚁生成的新解; 最后, 根据人工蚂蚁的搜索经历更新信息素痕迹, 进入下一次迭代。下面将逐一介绍上述步骤的实施细节。

算法 3.1   蚁群优化算法

1:    算法初始化
2:    **while** 尚未达到终止条件 **do**
3:        每个人工蚂蚁构造新解
4:        局部搜索
5:        全局更新信息素痕迹
6:    **end while**
7:    算法终止, 输出最终解

为便于解释蚁群优化算法的各个步骤, 此处首先介绍相关参数和记号。记待求解优化问题的一个解为 X, 其中第 i 维变量 X_i 取特定值 v_i^j 的状态记为 c_i^j。每个状态 c_i^j 都有对应的信息素变量 $T_{ij}(t)$, 所有信息素变量的集合记作 T。信息素变量的取值随着迭代的进行而不断变动, 假设信息素变量 $T_{ij}(t)$ 的取值为 $\tau_{ij}(t)$, $\tau_{ij}(t)$ 反映了在第 t 次迭代解的第 i 维变量取 v_i^j 的倾向。因为下面介绍的内容所针对的是任意一次迭代, 所以将 $\tau_{ij}(t)$ 简记为 τ_{ij}。

算法初始化是指在算法开始执行时为各个参数赋予初始值, 并将所有信息素变量统一设为值 τ_0, τ_0 是算法的超参数。

构造新解是种群中的 m 个人工蚂蚁分别为待求解的问题生成一个新解的过

程。在此之前，每个人工蚂蚁均从一个空集 $\varnothing$ 开始构造。在构造过程的每一步，选择一个恰当的取值 $c_i^j \in \mathbb{N}(s_p)$ 添加到当前的不完全解，其中，s_p 是解 s 中的第 p 个点，$\mathbb{N}(s_p)$ 是所有能使解保持可行性的取值 c_i^j 的集合，需要根据待求解问题的性质来确定集合 $\mathbb{N}(s_p)$ 包含的元素。

对于在构造过程中可能出现的集合 $\mathbb{N}(s_p)$ 为空集这一情况，算法需要设计特定的机制进行处理，例如将此情况下的不完全解舍弃或者将其补充为不可行解。如果生成的是不可行解，那么目标函数的评估需要根据该解违反约束条件的程度采取一定的惩罚措施。

在构造新解的过程中，解第 i 维度取值 c_i^j 的选择通常是依照一定的概率分布来进行的，目前已经有为此设计的多种概率分布，其中最常用的概率密度分布函数公式如下所示：

$$p\left(c_i^j \mid s_p\right)=\frac{\tau_{ij}^{\alpha} \cdot\left[\eta\left(c_i^j\right)\right]^{\beta}}{\sum\limits_{c_i^l \in \mathbb{N}(s_p)} \tau_{il}^{\alpha} \cdot\left[\eta\left(c_i^l\right)\right]^{\beta}}, \quad \forall c_i^j \in \mathbb{N}(s_p) \tag{3.1}$$

其中，函数 $\eta(\cdot)$ 负责根据启发式信息给出每个取值 $c_i^j \in \mathbb{N}(s_p)$ 对应的概率；权重参数 α 和 β 则分别决定了信息素痕迹和启发式信息在计算特定取值的概率。如果 $\alpha=0$，那么选择的概率与 $\left[\eta\left(c_i^j\right)\right]^{\beta}$ 成正比，启发式信息使得较好的取值有较大的概率被选中；如果 $\beta=0$，那么仅由信息素痕迹影响不同取值的概率。

局部搜索针对上述步骤生成候选的新解进行改进，通常会用到问题相关的信息，因此，局部搜索所做的调整很难由人工蚂蚁完成。在实际应用中，蚁群优化算法正是在局部搜索方法的辅助下取得更佳的优化效果。

信息素更新包括全局信息素痕迹更新和局部信息素痕迹更新，本章主要关注于全局信息素更新。更新全局信息素痕迹的目的是根据以往的搜索经历标记那些更有可能产生较优解的取值选择，该目标的实现主要采用了两种机制：一是信息素沉积，即在现有解中选出一组评估值较优的解，统计各个维度的取值，增加相应取值选择的信息素含量，使人工蚂蚁在此后的搜索过程中更加倾向于选择信息素含量较高的取值选择。二是信息素痕迹消逝，即在迭代过程中减小此前人工蚂蚁所留信息素的含量，在实际应用中可防止算法过早收敛到次优的解或者区域，引导蚁群优化算法去探测尚未搜索过的区域。常用的信息素痕迹更新公式如下所示：

$$\tau_{ij} \leftarrow (1-\rho)\tau_{ij} + \sum_{s \in S_{\text{upd}} \mid c_i^j \in s} g(s) \tag{3.2}$$

其中，S_{upd} 是为信息素痕迹而选择的较优解的集合；参数 $\rho \in (0,1]$ 是信息素痕迹的消逝速率；而 $g(\cdot): S \rightarrow \mathbb{R}^+$ 则衡量了解 s 的优劣，对于最小化问题，当 $f(s) < f(s')$ 时，$g(s) \geqslant g(s')$。各类蚁群优化算法变体的差别主要在于上述信息素痕迹更新机制实现的不同，例如选取集合 S_{upd} 的不同方式对应不同的信息素痕迹更新公式。

3.1.2 蚁群优化算法理论基础的研究进展

蚁群优化算法主要用于求解组合优化问题，除此之外还应用于工业工程[1]。其算法结构和执行策略不断得到优化和丰富，其中最成功的两个蚁群优化算法模型是蚁群系统（ant colony system，ACS）[51] 和最大-最小蚂蚁系统（max-min ant system，MMAS）[52]。

学者们也对蚁群优化算法理论进行了研究，主要内容包括蚁群优化算法的数学模型建立、收敛性分析和收敛速度分析。

在收敛性分析上，Gutjahr 首先针对一种具体的蚁群优化算法——基于图的蚁群算法 (graph-based ant system) 建立了概率转换模型，给出了该算法的收敛条件[53,56]。在此成果的启发下，Stützle 等基于蚁群优化算法的信息素参数给出了确保蚁群优化算法收敛的一般性条件[57]。进一步地，Dorigo 等又将蚁群优化算法的收敛性细分为两种类型[54]：① 值收敛（convergence in value），即当收敛时间趋于无穷时，蚁群优化算法至少到达一次最优解；② 解收敛（convergence in solution），即当迭代时间趋于无穷时，蚁群优化算法到达最优解的概率趋于 1。这两种收敛性的证明与结论[54] 充实了蚁群优化算法的收敛性理论。

此外，国内外学者还从随机过程的角度对蚁群优化算法的收敛性进行了分析。Badr 等利用随机游走（random branching）模型分析了一种蚁群优化算法的收敛性[55]。但由于约束条件较多，其结论较难推广。国内学者则利用有限马尔可夫链（Markov chain）模型对信息素矩阵状态有限的特殊蚁群优化算法的收敛性进行研究[58-59]。

收敛性分析理论仅说明蚁群优化算法存在最终找到全局最优解的可能性[54]，较难应用于实际算法性能的对比评价。只有对蚁群优化算法收敛速度进行分析，才能了解算法的计算消耗时间。Dorigo 在 2005 年将蚁群优化算法收敛速度的研究问题列为蚁群优化算法领域的第一大公开问题[54]，并建议学者从简单的蚁群优化算法入手进行收敛速度分析，以填补这项研究的空白。Hao 等在 2006 年提出了两种针对二进制线性函数的 ACO 算法，并基于漂移分析对其时间复杂度进行了估计[60]，对 ACO 算法的收敛速度分析做出了回应。Huang 等在 2007 年基于吸收态马尔可夫过程的数学模型，给出了估算蚁群算法期望收敛时间的几个理论方法,以分析蚁群算法的收敛速度,并结合 ACS 算法作出了具体的案例研究[61]。在 2009 年,Huang 等基于吸收马尔可夫链模型,分析了 ACO 的收敛时间,揭示了收敛时间与信息素速率之间的关系,并提出了收敛时间的两步分析:①信息素速率达到目标值所花费的迭代时间;②以目标信息素速率为期望值计算的收敛时间,最终通过案例研究得到了数值验证[62]。Huang 等还在 2017 年针对旅行商问题(TSP),对蚁群系统(ACS)算法进行了运行时间分析[63]。

3.2 蚁群优化算法的马尔可夫过程模型

本节将介绍一种描述蚁群优化算法的数学模型——吸收态马尔可夫过程模型。利用吸收态马尔可夫过程模型,我们在 3.3 节和 3.4 节提出一种蚁群优化算法的收敛性和收敛速度分析理论。

本质上,蚁群优化算法的求解过程使人工蚂蚁根据信息素和启发式向量进行随机搜索。启发式向量 η 通常与迭代时间 t 无关,在蚁群优化算法运行的过程中不作更新;信息素向量 τ 则在每次迭代中均会得到更新,其随机过程如图 3.1 所示。记蚁群优化算法在当前时刻的最优解为 S_{bs},在一次迭代中构造的解集为 S_{iter}。由于第 t 次迭代的信息素向量状态由第 $t-1$ 次迭代中的 S_{bs} 和 S_{iter} 所决定,因此蚁群优化算法的数学模型可由以下定义进行描述。

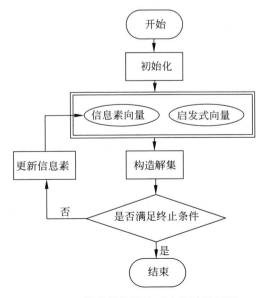

图 3.1 蚁群优化算法对应的随机过程

定义 3.2 记蚁群优化算法对应的随机过程为 $\{\xi_t^{\mathrm{aco}}\}_{t=0}^{+\infty}$，其中 $\xi_t^{\mathrm{aco}} = (X(t), \tau(t))$，$X(t) = \{S_{\mathrm{bs}}\} \bigcup S_{\mathrm{iter}}$，$\tau(t)$ 为第 t 次迭代的信息素矩阵。

以下定理将说明蚁群优化算法对应的随机过程使用马尔可夫过程建模的条件。

定理 3.1 设蚁群优化算法对应的随机过程为 $\{\xi_t^{\mathrm{aco}}\}_{t=0}^{+\infty}$，且满足 $\xi_t^{\mathrm{aco}} = (X(t), \tau(t)) \in Y$，其中 Y 为状态空间，则 $\{\xi_t^{\mathrm{aco}}\}_{t=0}^{+\infty}$ 是马尔可夫过程。

证明 $\{\xi_t^{\mathrm{aco}}\}_{t=0}^{+\infty}$ 为离散时间的随机过程，因为状态 $(X(t), \tau(t))$ 只由 $(X(t-1), \tau(t-1))$ 决定，且 $(X(0), \tau(0))$ 可以任意选择，所以对 $\forall Y' \subseteq Y$，有

$$P\{\xi(t) \in Y' | \xi(0), \xi(1), \xi(2), \cdots, \xi(t-1)\} = P\{\xi(t) \in Y' | \xi(t-1)\}$$

即 $\{\xi_t^{\mathrm{aco}}\}_{t=0}^{+\infty}$ 具有马尔可夫性。$\{\xi_t^{\mathrm{aco}}\}_{t=0}^{+\infty}$ 可被视为一个离散时间的马尔可夫过程（在下文中简称为马尔可夫过程）。定理 3.1 得证。 $\square$

下面引入最优状态空间及吸收态马尔可夫过程的定义。

定义 3.3 (最优状态空间 Y^*) 如果 $Y^* \subset Y$，且对于 $\forall \xi^* = (X^*, \tau^*) \in Y^*$，至少有一个解 $s^* \in X^*$，满足 $f(s^*) \leqslant f(s)$，$\forall s \in S$，其中 X^* 是 Y^* 对应的解空间，S 是优化问题的解空间，则称 Y^* 为最优状态空间。

在蚁群优化算法中，最优状态空间是蚁群优化算法求解过程要达到的目标状态空间。由定义 3.3 可知，如果蚁群优化算法达到最优状态空间中的任意一个状态，则算法至少能找到一次全局最优解。根据此性质，可给出吸收态马尔可夫过程的定义。

定义 3.4 (吸收态马尔可夫过程 $\{\xi(t)\}_{t=0}^{+\infty} (\forall \xi(t) \in Y)$) 给定一个马尔可夫过程 $\{\xi(t)\}_{t=0}^{+\infty} (\forall \xi(t) \in Y)$，状态空间 $Y^* \subset Y$，若 $\{\xi(t)\}_{t=0}^{+\infty}$ 满足 $P\{\xi(t+1) \notin Y^* | \xi(t) \in Y^*\} = 0$，则称 $Y^* \subset Y$，$\{\xi(t)\}_{t=0}^{+\infty}$ 为一个吸收态马尔可夫过程。

根据蚁群优化算法的数学模型定义和吸收态马尔可夫过程的定义，蚁群优化算法对应的随机过程是一个吸收态马尔可夫过程[61]。

定理 3.2 设蚁群优化算法对应的随机过程为 $\{\xi_t^{\mathrm{aco}}\}_{t=0}^{+\infty}$，若满足 $\xi_t^{\mathrm{aco}} = (X(t), \tau(t)) \in Y$，则 $\{\xi_t^{\mathrm{aco}}\}_{t=0}^{+\infty}$ 是一个吸收态马尔可夫过程。

证明 在蚁群优化算法执行过程中，当 $s_{\mathrm{bs}}(t)$ 为全局最优解时，ξ_t^{aco} 属于最优状态空间 Y^*。在此情况下，根据蚁群优化算法的局部优化步骤，$s_{\mathrm{bs}}(t+1) = s_{\mathrm{bs}}(t)$ 成立，即 $\xi(t+1) \in Y^*$。因此，$P\{\xi(t+1) \notin Y^* | \xi(t) \in Y^*\} = 0$，$\{\xi(t)\}_{t=0}^{+\infty}$ 是一个吸收态马尔可夫过程[61]。定理 3.2 得证。 $\square$

3.3　蚁群优化算法的收敛性分析

本节将基于 3.2 节构建的蚁群优化算法数学模型及相关性质来探讨蚁群优化算法求解问题时的收敛性。

定理 3.2 说明了蚁群优化算法对应的随机过程 $\{\xi(t)\}_{t=0}^{+\infty}$ 在满足一定条件时是一个吸收态马尔可夫过程。根据吸收态马尔可夫过程的定义，蚁群优化算法只要在无穷次迭代中找到一次全局最优解，就能将其永久保持，即 $P\{\xi(t+1)\notin Y^*|\xi(t)\in Y^*\}=0$。

以下定理将给出蚁群优化算法一般的收敛性判断准则。

定理 3.3　给定蚁群优化算法对应的一个吸收态马尔可夫过程 $\{\xi_t^{\mathrm{aco}}\}_{t=0}^{+\infty}(\forall\xi_t^{\mathrm{aco}}=(X(t),\tau(t))\in Y)$ 和最优状态空间 $Y^*\subset Y$，若 $P\{\xi_t^{\mathrm{aco}}\in Y^*|\xi_{t-1}^{\mathrm{aco}}\notin Y^*\}\geqslant d_{t-1}\geqslant 0$ 且 $\lim\limits_{t\to+\infty}\prod\limits_{i=0}^{t}[1-d_i]=0$，则 $\lim\limits_{t\to+\infty}\lambda_t=1$，其中 $\lambda_t=P\{\xi_t^{\mathrm{aco}}\in Y^*\}$。

证明　根据全概率公式，对 $\forall t=1,2,\cdots$ 有

$$\lambda_t=[1-\lambda_{t-1}]P\{\xi_t^{\mathrm{aco}}\in Y^*|\xi_{t-1}^{\mathrm{aco}}\notin Y^*\}+\lambda_{t-1}P\{\xi_t^{\mathrm{aco}}\in Y^*|\xi_{t_1}^{\mathrm{aco}}\in Y^*\}$$

因为 $\{\xi_t^{\mathrm{aco}}\}_{t=0}^{+\infty}$ 为吸收态马尔可夫过程，所以 $P\{\xi_t^{\mathrm{aco}}\in Y^*|\xi_{t-1}^{\mathrm{aco}}\in Y^*\}=1$，则有

$$\lambda_t=[1-\lambda_{t-1}]P\{\xi_t^{\mathrm{aco}}\in Y^*|\xi_{t-1}^{\mathrm{aco}}\notin Y^*\}+\lambda_{t-1}$$

因此可推出

$$1-\lambda_t=[1-P\{\xi_t^{\mathrm{aco}}\in Y^*|\xi_{t-1}^{\mathrm{aco}}\notin Y^*\}][1-\lambda_{t-1}]$$

故可得

$$1-\lambda_t\leqslant[1-d_{t-1}][1-\lambda_{t-1}]=[1-\lambda_0]\prod_{i=0}^{t-1}[1-d_i]$$

因此，有

$$\lim_{t\to+\infty}\lambda_t\geqslant 1-[1-\lambda_0]\lim_{t\to+\infty}\prod_{i=0}^{t-1}[1-d_i]\geqslant 1-[1-\lambda_0]\lim_{t\to+\infty}\prod_{i=0}^{t}[1-d_i]$$

因为 $\lim\limits_{t\to+\infty}\prod\limits_{i=0}^{t}[1-d_i]=0$，故可推出

$$\lim_{t\to+\infty}\lambda_t\geqslant 1$$

因为概率 $\lambda_t\leqslant 1$，所以 $\lim\limits_{t\to+\infty}\lambda_t=1$。定理 3.3 得证。　□

定理 3.3 是基于吸收态马尔可夫过程的蚁群优化算法收敛性分析结论。在实际应用中，当最优求解路径对应信息素的下界大于 0 时，定理 3.3 便能成立。基于定理 3.3 可以分析蚁群系统（ACS）算法[64]、最大最小蚂蚁系统（MMAS）算法等算法的收敛性。由于中外学者对类似的研究已经有较多的讨论，因此这里不再赘述基于吸收态马尔可夫过程的各类蚁群算法收敛性分析案例。

在定理 3.3 中，蚁群优化算法的随机过程被认作一个吸收态马尔可夫过程，因此当迭代次数趋于无穷时，一定能达到最优状态空间，也就是找到最优解的概率为 1，满足解收敛的定义。

3.4 蚁群优化算法的时间复杂度分析

针对收敛速度这一公开问题，本节将从蚁群优化算法的期望收敛时间这一角度对算法的时间复杂度进行理论分析。首先，我们将给出蚁群优化算法期望收敛时间一般化的计算方法结论，再根据蚁群优化算法重要参数信息素比率给出一种期望收敛时间估算方法[61]。

3.4.1 期望收敛时间

以往的蚁群优化算法研究中并没有给出蚁群优化算法收敛速度的严格定义，但提出收敛速度的本意是希望研究蚁群优化算法需要多少时间能收敛到全局最优解[3]，或者可以理解为对蚁群优化算法期望收敛时间的估计。

下面给出期望收敛时间的定义。

定义 3.5 给定蚁群优化算法对应的随机过程 $\{\xi_t^{\mathrm{aco}}\}_{t=0}^{+\infty}$，$\xi_t^{\mathrm{aco}} \in Y$ 及最优状态空间 $Y^* \subset Y$，对 $\forall \xi_0^{\mathrm{aco}}$，若 $\exists t_0 > 0$ 满足当 $t \geq t_0$ 时，$P\{\xi_t^{\mathrm{aco}} \in Y^*\} = 1$，则称 $\gamma^{\mathrm{aco}} = \min\{t_0\}$ 为蚁群优化算法的收敛时间。

定义 3.6 给定蚁群优化算法对应的随机过程 $\{\xi_t^{\mathrm{aco}}\}_{t=0}^{+\infty}$，$\xi_t^{\mathrm{aco}} \in Y$ 和最优空间 $Y^* \subset Y$，若 μ 是一个随机变量，且满足 $\mu = t \Leftrightarrow P\{\xi_t^{\mathrm{aco}} \in Y^* \wedge \xi_i^{\mathrm{aco}} \notin Y^*\} = 1(i = 0, 1, 2, \cdots, t-1)$，则称 μ 的期望值 E_μ 为蚁群优化算法的首达最优解期望时间。

引理 3.1 若蚁群优化算法对应的随机过程 $\{\xi_t^{\mathrm{aco}}\}_{t=0}^{+\infty}$ 是一个吸收态马尔可夫过程，则蚁群优化算法的收敛时间 γ^{aco} 等于首次到达最优解时间 μ。

证明 当 $t = \mu$ 时，$\xi_t^{\mathrm{aco}} \in Y^*$；因为 $\{\xi_t^{\mathrm{aco}}\}_{t=0}^{+\infty}$ 是一个吸收态马尔可夫过程，则 $P\{\xi(\mu+1) \notin Y^* | \xi(\mu) \in Y^*\} = 0$。又因为 $P\{\xi(\mu) \in Y^*\} = 1$，所以

$P\{\xi(\mu+1)\in Y^*\}=1$；同理可证，当 $t>\mu$ 时，$P\{\xi(t)\in Y^*\}=1$。根据定义 3.6，当 $t<\mu$ 时，$P\{\xi(t)\in Y^*\}<1$。根据定义 3.5，有 $\gamma^{\mathrm{aco}}=\mu^{[61]}$。引理 3.1 得证。

根据引理 3.1，我们可以认为蚁群优化算法的收敛时间 γ^{aco} 等于首达最优解时间 μ。因此，可以通过计算期望首达最优解时间 E_μ 来得到期望收敛时间 $E_{\gamma^{\mathrm{aco}}}$。

基于蚁群优化算法的性质，即在一定条件下，蚁群优化算法求解过程对应的随机过程 $\{\xi_t^{\mathrm{aco}}\}_{t=0}^{+\infty}$ 为一个吸收态马尔可夫过程，本节给出蚁群优化算法期望收敛时间的估计定理。

定理 3.4　给定蚁群优化算法对应的吸收态马尔可夫过程 $\{\xi_t^{\mathrm{aco}}\}_{t=0}^{+\infty}(\forall \xi_t^{\mathrm{aco}}=(X(t),\tau(t))\in Y)$ 和最优状态空间 $Y^*\subset Y$，$\lambda_t=P\{\xi_t^{\mathrm{aco}}\in Y^*\}$ 且 $\lim\limits_{t\to+\infty}\lambda_t=1$；蚁群优化算法的期望收敛时间 $E_{\gamma^{\mathrm{aco}}}$ 为

$$E_{\gamma^{\mathrm{aco}}}=\sum_{i=0}^{+\infty}(1-\lambda_i)$$

证明　根据吸收态马尔可夫过程和收敛性的定义，$\tau(t)$ 是一个收敛的吸收态马尔可夫过程，假设 μ 为首达最优解的时间，对于 $\forall t=1,2,\cdots$，有

$$\lambda_t=P\{\xi(t)\in Y^*\}=P\{\mu\leqslant t\}$$

由此可推出

$$\lambda_t-\lambda_{t-1}=P\{\mu\leqslant t\}-P\{\mu\leqslant t-1\}$$

故可得

$$P\{\mu=t\}=\lambda_t-\lambda_{t-1}$$

则

$$E_\mu=0\cdot P\{\mu=0\}+\sum_{t=1}^{+\infty}t\cdot P\{\mu=t\}$$

$$=\sum_{t=1}^{+\infty}t\cdot(\lambda_t-\lambda_{t-1})$$

$$=\sum_{t=1}^{+\infty}\sum_{i=t}^{+\infty}(\lambda_i-\lambda_{t-1})$$

$$=\sum_{i=0}^{+\infty}[\lim_{t\to+\infty}\lambda_t-\lambda_i]$$

$$=\sum_{i=0}^{+\infty}(1-\lambda_i)$$

根据引理 3.1, $E_{\gamma^{\text{aco}}} = E_\mu = \sum\limits_{i=0}^{\infty}(1-\lambda_i)$ 成立。定理 3.4 得证。 □

定理 3.5 若 $\{\xi_t^{\text{aco}}\}_{t=0}^{+\infty}$ 为吸收态马尔可夫过程, 且 $p_t = P\{\xi_t^{\text{aco}} \in Y^* | \xi_{t-1}^{\text{aco}} \notin Y^*\}$, 则蚁群优化算法的期望收敛时间为

$$E_{\gamma^{\text{aco}}} = \sum_{t=0}^{+\infty}\left[(1-\lambda_0)\prod_{i=1}^{t}(1-p_i)\right]$$

证明 将定理 3.3 证明过程中的 $1-\lambda_t = [1-\lambda_0]\prod\limits_{i=0}^{t-1}[1-d_i]$ 直接替换定理 3.4 中的 $(1-\lambda(i))$, 可以得到 $E_{\gamma^{\text{aco}}} = \sum\limits_{t=0}^{+\infty}\left[(1-\lambda_0)\prod\limits_{i=1}^{t}(1-p_i)\right]$ [61]。定理 3.5 得证。 □

定理 3.4 和定理 3.5 是估算蚁群优化算法的直接方法。然而, 定理 3.5 在实际应用中更实用。

定理 3.6 若 $\{\xi_t^{\text{aco}}\}_{t=0}^{+\infty}$ 为吸收态马尔可夫过程, 且 $a_t \leqslant P\{\xi_t^{\text{aco}} \in Y^*\} \leqslant b_t$, 则蚁群优化算法的期望收敛时间满足:

$$\sum_{t=0}^{+\infty}\left[(1-\lambda_0)\prod_{i=1}^{t}(1-b_i)\right] \leqslant E_{\gamma^{\text{aco}}} \leqslant \sum_{t=0}^{+\infty}\left[(1-\lambda_0)\prod_{i=1}^{t}(1-a_i)\right], \; a_t>0, b_t>0 (t=0,1,\cdots)$$

证明 因为 $\lambda(t) = [1-\lambda(t-1)]P\{\xi(t) \in Y^*|\xi(t-1) \notin Y^*\} + \lambda(t-1)P\{\xi(t) \in Y^*|\xi(t-1) \in Y^*\}(\forall t = 0,1,2,\cdots)$, 因此,

$$1-\lambda(t) \leqslant [1-a(t)][1-\lambda(t-1)] = [1-\lambda(0)]\prod_{i=1}^{t}[1-a(i)]$$

根据定理 3.4, 有

$$E_{\gamma^{\text{aco}}} = \sum_{i=0}^{+\infty}(1-\lambda_i) \leqslant \sum_{t=0}^{+\infty}\left[(1-\lambda_0)\prod_{i=1}^{t}(1-a_i)\right]$$

同理可得,

$$E_{\gamma^{\text{aco}}} = \sum_{i=0}^{+\infty}(1-\lambda_i) \geqslant \sum_{t=0}^{+\infty}\left[(1-\lambda_0)\prod_{i=1}^{t}(1-b_i)\right]$$

定理 3.6 得证。 □

一般情况下，概率 $p_t = P\{\xi_t^{\text{aco}} \in Y^* | \xi_{t-1}^{\text{aco}} \notin Y^*\}$ 的分析比较复杂，根据定理 3.6，可以通过分析 p_t 的上下界估算 $E_{\mu^{\text{aco}}}$。推论 3.1 给出了相关结论。

推论 3.1　给定蚁群优化算法对应的吸收态马尔可夫过程 $\{\xi_t^{\text{aco}}\}_{t=0}^{+\infty}$（$\forall \xi_t^{\text{aco}} = (X(t), \tau(t)) \in Y$），最优状态空间 $Y^* \subset Y$ 和 $\lambda_t = P\{\xi_t^{\text{aco}} \in Y^*\}$，如果满足 $a \leqslant P\{\xi_t^{\text{aco}} \in Y^* | \xi_{t-1}^{\text{aco}}\} \leqslant b(a,\ b > 0)$ 且 $\lim\limits_{t \to +\infty} \lambda_t = 1$，则蚁群优化算法的期望收敛时间 $E_{\gamma^{\text{aco}}}$ 满足

$$b^{-1}(1 - \lambda_0) \leqslant E_{\gamma^{\text{aco}}} \leqslant a^{-1}(1 - \lambda_0)$$

证明　由定理 3.6 可得，

$$E_{\gamma^{\text{aco}}} \leqslant [1 - \lambda(0)]\Big[a + \sum_{t=2}^{\infty} ta \prod_{i=0}^{t-2}(1-a)\Big]$$

由此可推出，

$$E_{\gamma^{\text{aco}}} \leqslant [1 - \lambda(0)]\Big[a + \sum_{t=2}^{\infty} ta(1-a)^{t-1}\Big]$$

因此可得，

$$E_{\gamma^{\text{aco}}} \leqslant a[1 - \lambda(0)]\Big[\sum_{t=0}^{\infty} t(1-a)^t + \sum_{t=0}^{\infty}(1-a)^t\Big]$$

因此，有

$$E_{\gamma^{\text{aco}}} \leqslant a[1 - \lambda(0)]\Big(\frac{1-a}{a^2} + \frac{1}{a}\Big) = \frac{1}{a}[1 - \lambda(0)]$$

同理可得，$E_{\gamma^{\text{aco}}} \geqslant b^{-1}[1 - \lambda_0]$，则 $b^{-1}[1 - \lambda_0] \leqslant E_{\gamma^{\text{aco}}} \leqslant a^{-1}[1 - \lambda(0)]$ 成立[61]。推论 3.1 得证。　　　　　　　□

当概率 $p_t = P\{\xi_t^{\text{aco}} \in Y^* | \xi_{t-1}^{\text{aco}} \notin Y^*\}$ 上下界与时间 t 无关时，推论 3.1 给出了一种蚁群优化算法参数优化设计的方法：若下界 a 与蚁群优化算法的参数有关，则可以通过参数设计实现 $E_{\gamma^{\text{aco}}} \leqslant a^{-1}(1 - \lambda_0) \leqslant P(n)$，其中 $P(n)$ 为关于问题规模 n 的关系式。

3.4.2　基于信息素比率的期望收敛时间界

由式 (3.1) 可知，信息素 τ_{ij} 是引导蚁群优化算法探索未搜索区域的重要因素。下面，我们将根据信息素比率对期望收敛时间进行分析。

定义 3.7 (信息素比率 $c(i,t)$) 令 $J(a_i)$ 表示 a_{i-1} 与 a_{i-1} 邻接点构成的可选边集，$\tau(a_{i-1}, a_i, t)$ 表示在 t 时刻边 $\langle a_{i-1}, a_i \rangle$ 对应的信息素值，则路径 $\langle a_{i-1}^*, a_i^* \rangle$ 在迭代时刻 t 对应的信息素比率 $c(i,t)$ 为

$$c(i,t) = \frac{\tau^\alpha(a_{i-1}^*, a_i^*, t)}{\displaystyle\sum_{\langle a_{i-1}^*, x \rangle \in J(a_{i-1})} \tau^\alpha(a_{i-1}^*, x, t)}, \quad \langle a_{i-1}^*, a_i^* \rangle \in s^*$$

如果构造解时的选择公式 (3.1) 简化为以下形式，那么解的生成过程将与信息素比率关联。

$$p(v_j^{t+1} = a_i^* | v_j^t = a_{i-1}^*) = \begin{cases} \dfrac{\tau^\alpha(a_{i-1}^*, a_i^*, t)}{\displaystyle\sum_{\langle a_{i-1}^*, x \rangle \in J(a_{i-1})} \tau^\alpha(a_{i-1}^*, x, t)}, & \langle a_{i-1}^*, a_i^* \rangle \in s^* \\ \\ 0, & \text{其他} \end{cases}$$

$$(3.3)$$

其中，v_j^t 表示在 t 时刻解向量 X 第 j 维的值。以下定理将揭示蚁群优化算法的期望收敛时间和信息素比率之间的关系。

定理 3.7 令蚁群优化算法中的人工蚂蚁数为 k，期望收敛时间为 E_γ，则有

$$E_\gamma = \lim_{T \to +\infty} \sum_{t=1}^{T} t \cdot \left[\left(1 - \prod_{i=1}^{n} c(i, t-1) \right)^k - \left(1 - \prod_{i=1}^{n} c(i,t) \right)^k \right]$$

证明 根据定理 3.2 及式 (3.3)，算法在不超过时间 t 时结束的概率 $P\{\mu \leqslant t\}$ 满足

$$P\{\mu \leqslant t\} = 1 - \left(1 - \prod_{i=1}^{n} c(i,t) \right)^k$$

因此，由引理 3.1 可得

$$E_\gamma = E_\mu = \lim_{T \to +\infty} \sum_{t=1}^{T} t \cdot P\{\mu = t\}$$

$$= \lim_{T \to +\infty} \sum_{t=1}^{T} t \cdot (P\{\mu \leqslant t\} - P\{\mu \leqslant t-1\})$$

$$= \lim_{T \to +\infty} \sum_{t=1}^{T} t \cdot \left[\left(1 - \prod_{i=1}^{n} c(i, t-1) \right)^k - \left(1 - \prod_{i=1}^{n} c(i,t) \right)^k \right]$$

定理 3.7 得证。　　　　　　　　　　　　　　　　　　　　　　　　　　　　□

根据定理 3.7，我们可以对一些具体的求解问题进行时间复杂度分析。

3.4.3　蚁群优化算法的时间复杂度分析案例

基于定理 3.7，本节将分析一种具体的蚂蚁系统优化算法——蚁周系统（ant-cycle system）算法在求解旅行商问题（travelling salesman problem，TSP）时的时间复杂度。

针对旅行商问题，蚂蚁系统优化算法框架如算法 3.2 所示。具体地，信息素初始化时令每两个城市间的信息素为

$$\tau(a_i, a_j, 0) = \frac{1}{n}, i, j = 1, 2, \cdots, n \tag{3.4}$$

算法 3.2　求解旅行商问题的蚂蚁系统优化算法

输入：具体的旅行商问题
输出：当前 S_{iter} 中的最优解
1:　初始化信息素向量 T
2:　**while** 算法终止条件未满足 **do**
3:　　$S_{\text{iter}} \leftarrow \varnothing$
4:　　**for** $j = 1, 2, \cdots, k$ **do**
5:　　　第 j 只人工蚂蚁生成可行解
6:　　**end for**
7:　　根据 S_{iter} 更新信息素矩阵 T
8:　**end while**

在算法 3.2 中步骤 7 使用不同的信息素更新公式，可以得到不同的蚁群优化算法。其中，蚁周系统算法使用的信息素更新公式如下：

$$\tau(a_i, a_j, t+1) = \begin{cases} \tau(a_i, a_j, t) + 1/L(t), & \text{如果} \langle a_i, a_j \rangle \text{被访问过} \\ \tau(a_i, a_j, t), & \text{否则} \end{cases} \tag{3.5}$$

其中，$L(t)$ 为第 t 轮搜索得到的总路程。

推论 3.2　蚁周系统算法的人工蚂蚁数为 k，在求解旅行商问题时，期望收敛时间 E_γ 满足

$$E_\gamma \leqslant \lim_{T \to +\infty} \sum_{t=1}^{T} t \cdot \left[\left(1 - \prod_{i=1}^{n} \left(\frac{\frac{t-1}{L^*} + \frac{1}{n}}{\frac{t-1}{L^*} + \frac{n-i+1}{n}} \right) \right)^k - \left(1 - \prod_{i=1}^{n} \left(\frac{\frac{1}{n}}{t \cdot \frac{1}{L^{\text{sec}}} + \frac{n-i+1}{n}} \right) \right)^k \right]$$

其中，L^* 是该旅行商问题中最短路径的长度，L^{sec} 则是第二短的解路径长度。

证明 根据蚁周系统算法的信息素更新公式 (3.5) 以及信息素初始化公式 (3.4)，可得

$$\frac{1}{n} \leqslant \tau(a_{i-1}, a_i, t) \leqslant t \cdot \frac{1}{L^*} + \frac{1}{n}$$

因此，算法的信息素比率满足：

$$\frac{\frac{1}{n}}{t \cdot \frac{1}{L^{\text{sec}}} + \frac{n-i+1}{n}} < c(i,t) = \frac{\tau(a_{i-1}, a_i, t)}{\displaystyle\sum_{\langle a_{i-1}, x\rangle \in J(a_{i-1})} \tau(a_{i-1}, x, t)} < \frac{t \cdot \frac{1}{L^*} + \frac{1}{n}}{t \cdot \frac{1}{L^*} + \frac{n-i+1}{n}}$$

根据定理 3.7，推论 3.2 得证。   □

定义 3.8 RTSP（regular-polygon TSP）是一种特殊的 TSP。给定一个 TSP，若问题中的 n 个城市节点恰好位于一个正 n 边形的顶点上，则称这种特殊的 TSP 为 RTSP。图 3.2 是一个含 8 个城市点的 RTSP。

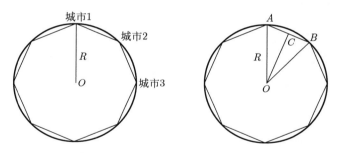

图 3.2　8 个城市点的 RTSP 问题

RTSP 是一个简单清晰的优化案例。基于推论 3.2，我们可以给出蚁周系统算法求解 RTSP 的具体上界公式，这有助于更直观地理解这种估算方法。

n 个城市节点的 RTSP 的最短路径 L^* 对应正 n 边形的周长。若将正 n 边形内接于一个圆上，设圆的半径为 R，则有

$$L^* = 2nR\sin\frac{\pi}{n} \tag{3.6}$$

具体地，对于 $n = 130$ 的问题，第二短的路径长度 L^{sec} 为

$$L^{\text{sec}} = 2(n-2)R\sin\frac{\pi}{n} + 4R \cdot \sin\frac{2\pi}{n} \tag{3.7}$$

我们将 RTSP 的半径 R 设为 10，结合 $n = 130$，可以计算得到 L^* 和 L^{sec}，其中 $L^* = 62.825738$，$L^{\text{sec}} = 63.791723$。将最短路径 L^* 和第二短的路径 L^{sec} 代入

推论 3.2 的公式中，最终可以得到蚁周系统算法求解问题规模 $n = 130$ 的 RTSP 的期望收敛时间上界。

　　然而推论 3.2 的结论较为复杂，很难化简。因此，我们定义了一个数值函数 $U(T)$ 来观察期望收敛时间上界 UpperBound(U) 和时间 T 的关系，$U(T)$ 的定义如下：

$$U(T) = \sum_{t=1}^{T} t \cdot \left[\left(1 - \prod_{i=1}^{n} \left(\frac{\frac{t-1}{L^*} + \frac{1}{n}}{\frac{t-1}{L^*} + \frac{n-i+1}{n}} \right) \right)^k - \left(1 - \prod_{i=1}^{n} \left(\frac{\frac{1}{n}}{t \cdot \frac{1}{L^{\text{sec}}} + \frac{n-i+1}{n}} \right) \right)^k \right]$$

$$(3.8)$$

　　如图 3.3 所示，我们在算法中采用不同数目的人工蚂蚁（$k = 1$ 及 $k = 20$），得到了 $U(T)$ 和 T 的关系。其中，在相同的时间点 T 上，蚂蚁数 $k = 20$ 的算法期望收敛时间上界比蚂蚁数 $k = 1$ 的算法要小。

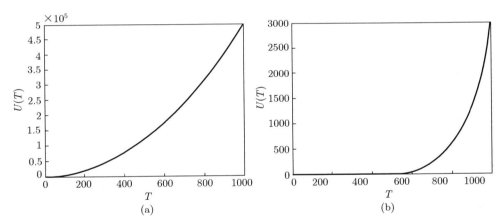

图 3.3　算法求解 $n = 130$ 的 RTSP 的期望收敛时间上界

(a) 蚂蚁数 $k = 1$；(b) 蚂蚁数 $k = 20$

　　为了验证求解到的期望收敛时间上界的有效性，我们对 RTSP 采用蚁周系统算法进行了 30 次实际求解，得到了实际的收敛时间，并计算了对应的期望和方差，结果如表 3.1 所示。结果表明，$k = 20$ 的算法表现优于 $k = 1$ 的算法表现。

表 3.1　利用蚁周系统求解 RTSP 的收敛时间

k	期望	方差
1	358.2759	76.3667
20	185.0831	31.3513

如果需要探讨"蚂蚁数增加能否改变算法时间复杂度的本质",例如从指数时间复杂度退化为多项式时间复杂度,则需要对期望收敛时间估算式进行进一步的研究。而对于蚁周系统算法,其结论是:增加蚂蚁数目会减少期望收敛时间且有可能使算法在多项式时间内收敛[61]。

3.5　本章小结

本章介绍了基于蚁群优化算法的吸收态马尔可夫过程模型的研究。蚁群优化算法收敛性分析结果表明,蚁群优化算法在找到最优状态空间后会逐渐收敛。本章依照从定理到具体案例的方式对蚁群算法时间复杂度进行了分析讨论:首先,基于吸收态马尔可夫模型得到了估计蚁群优化算法时间复杂度的定理;然后,在此基础上,根据信息素比率给出了一种时间复杂度分析方法;最后,以蚁周系统算法求解 RTSP 为案例,给出了其期望收敛时间上界的函数曲线。

第 4 章　头脑风暴优化算法的理论基础

头脑风暴优化（brain storm optimization，BSO）算法是受人类头脑风暴过程启发而产生的一种模拟人类集体行为的群体智能算法[4]。该算法操作简单、易于实现，已经在众多现实场景中得到了应用。但头脑风暴优化算法理论基础的研究成果较为匮乏。本章主要围绕头脑风暴优化算法的时间复杂度分析介绍该算法的理论基础研究。

4.1　头脑风暴优化算法简介

本节将对头脑风暴优化算法进行简单介绍。4.1.1 节介绍了头脑风暴优化算法的基本框架和应用领域，4.1.2 节则介绍了该算法的理论基础研究进展。

4.1.1　基本框架

头脑风暴优化算法的灵感来源于人类集体解决问题的技能之一——头脑风暴[4,63]。在头脑风暴过程中，一群来自不同背景的人以会议形式进行讨论、分享，从而产生和组合不同的想法，并提出一个解决具体问题的办法。头脑风暴过程遵循四条基本规则：① 没有批评者；② 提出的所有想法都可以考虑；③ 应该产生大量的想法；④ 可以在结合当前思想的基础上产生新的想法。

按照这四条规则，头脑风暴过程考虑以下步骤：

（1）考虑一组不同背景的人；

（2）根据 Osborn 规则[65] 创造出最多的想法；

（3）基于问题所有者的意见，选择最佳的想法；

（4）选定的想法被用作创造新想法的基础；

（5）从新想法的集合中选择对问题所有者最好的意见；

（6）选择一组想法来产生新的想法，避免陷入相同的观点；

（7）由问题所有者来选择最好的想法。

　　头脑风暴过程通常涉及 3 种人：主持人、问题所有者和头脑风暴的小组成员。主持人应引导头脑风暴过程顺利进行且不带有主观偏见，因此首选有促进经验但不知道问题具体解决方案的主持人。问题所有者负责收集每一轮头脑风暴过程中产生的好想法。头脑风暴的小组成员是在主持人的协助下通过集体讨论产生想法的一组人。一般来说，头脑风暴过程都由少数几轮想法生成过程组成，因为经过多轮创意生成过程之后，参与者将精疲力竭，不再高效。头脑风暴优化算法是通过抽象模拟头脑风暴过程的模型来设计的[66]。

　　头脑风暴优化算法主要由收敛运算和发散运算两大部分组成，其他部分与其他群体智能算法相似。头脑风暴优化算法的收敛运算是模拟问题所有者获得更好想法的过程。在收敛过程中，可以对更好的想法进行选择，以便在下一轮想法生成过程中专注于运用那些更好的想法来生成新的想法，收敛运算是将一群个体映射到一小部分个体的操作。在头脑风暴优化算法中，一般用聚类算法来实现将个体群体聚类成几个簇的收敛运算。每个簇中的中心个体被用来表示问题所有者获得的最佳想法。发散运算则旨在根据上一轮生成的想法中较好的想法来生成更多新想法。在头脑风暴过程中，发散运算是通过在选定的想法中添加随机扰动来实现的。

　　头脑风暴优化算法的流程如算法 4.1 所示，主要包括以下 3 个操作：

　　（1）聚类操作：采用聚类算法将 λ 个个体聚类成 m 个簇。每个簇的中心都是当前簇中的最佳个体，即最佳解决方案。该操作旨在将搜索方向偏向于空间的不同区域，旨在探索那些最优解潜在区域。

　　（2）干扰操作：以一定的概率发生，让所选簇中的最佳个体（中心个体）被随机产生的个体所取代。该操作旨在避免局部最优，同时保持解决方案的多样性。

　　（3）更新操作：一个新个体是通过一个或两个选定的簇中的个体产生的。被选定的个体可以是最好的，即簇的中心；也可以只是随机选择相应簇中的个体，并针对整个群体进行选择操作，以保证在每次迭代中更新的个体更具竞争力。

算法 4.1　头脑风暴优化算法（BSO）[4]

输入：初始种群 $P = \{\eta_1, \eta_2, \cdots, \eta_\lambda\}$

输出：含有当前最优解的种群

1:　**while** 未满足终止条件 **do**

2:　　聚类操作：通过聚类算法将种群的 λ 个个体聚类到 m 个簇中

3:　　干扰操作：以一定的概率发生，让随机选中的簇的中心个体被随机产生的新个体所取代

4:　　更新操作：随机在一个或者两个簇中选择个体去生成新的个体

　　　　比较新生成的个体和原有个体，较好的个体被保留并记录为新个体

　　　　更新整个种群，后代种群为 $P = \{\eta'_1, \eta'_2, \cdots, \eta'_\lambda\}$，评估这 λ 个个体

5:　**end while**

为了解决某些特定领域的问题，研究者提出了多种 BSO 算法变体，包括闭环 BSO 算法[67]，捕食者-猎物 BSO 算法[68] 和量子行为 BSO 算法[69]。头脑风暴优化算法的应用领域大致可分为以下几类：

（1）电力系统：这类问题的主要目标是找到电力系统中设备的最佳位置和设置的方案。头脑风暴优化算法已被用于解决电力系统中的各种问题，如电力系统故障诊断[70]、电网分区[71]、电压控制[72-73]、最佳柔性交流输电系统（flexible alternative current transmission systems，FACTS）设备设置[74] 以及电力调度问题[75-76]。

（2）航空领域的设计问题：头脑风暴优化算法已被用于解决航空领域的各种问题，如卫星编队[77]、洛尼电磁线圈问题[69]、无人机飞行[78-79]、F/A-18 自动舰载机着陆系统[80] 以及代理路由和光学传感器任务分配问题[81]。

（3）财务优化问题：财务问题通常是组合优化问题。头脑风暴优化算法已被用于解决股市预测[82-83]、经济调度[84-85] 等问题。

（4）其他：头脑风暴优化算法已被用于解决移动机器人路径规划问题[86-87]、方程组求解问题[88]、多目标优化问题[89-90]、风速预测[91-92]、稀疏优化问题[93]、特征选择问题[94-95]、多模优化问题[96-97]、调度问题[98-99] 等。

4.1.2 理论基础的研究进展

除了实际应用之外，算法的理论基础研究也是十分重要的。算法的理论基础研究对帮助人们深入理解算法的运行机理以及指导算法在实践中的设计、改进和应用具有重要意义。Zhou 等和 Qiao 等分别在 2016 年和 2018 年对头脑风暴优化算法进行了收敛性分析[100-101]。然而，目前关于头脑风暴优化算法时间复杂度分析的成果很少。

头脑风暴优化算法是一种连续型进化算法，其基于比较和基于种群的特征以及复杂的自适应策略导致较难进行理论分析。如第 1 章所述，已有研究者提出了一些方法作为研究随机进化算法时间复杂度的通用分析工具，包括适应值层次法[18]、漂移分析法[9]、转换分析法[19]、平均增益模型[10] 等。

适应值层次法将空间划分为多个层次，通过求得层次之间的转换概率来分析算法的时间复杂度。在适应值层次法中，总运行时间可被看作层次之间转换的等待时间之和，其中等待时间表示在搜索空间层数转换所花费的步骤数。适应值层次法最早由 Wegener 提出，起初不允许在求解算法的运行时间下界时跳过任何层次[18]。Sudholt 放宽了这一限制[20]。之后，Witt 对适应值层次法补充了上下界限，并对进化算法在 OneMax 问题上的时间复杂度进行了分析[22]。适应值层次法已被用于许多离散型进化算法的算例分析，但是目前在连续型进化算法上的研究成果较少。

漂移分析最初由 He 等提出，是另一种常用的时间复杂度分析方法[9]。Jägersküpper 结合了漂移分析和马尔可夫链，对漂移的边界进行了显著的改进[102]。之后，Chen 等引入了接管时间的概念，提出了适用于分析单峰问题进化算法的通用方法，并基于此方法分析了进化算法在 OneMax 和 LeadingOnes 问题上的时间复杂度[103]。但是，漂移定理在读取和应用方面依然很烦琐。Oliveto 等运用程序显示了复杂的漂移定理如何以更简单、更清晰的方式执行，甚至可以在某些情况下实现更好的结果[104]。绝大多数漂移定理都能得出目标状态的平均首达时间的约束，例如最优解的集合，但没有对首达时间的分布做出额外的说明，Lehre 等通过提供一个通用的漂移定理弥补了这一不足[105]。He 等研究种群大小如何以严格的方式影响进化算法的时间复杂度，可以通过代数（首达时间）或适应性评估数（运行时间）来衡量算法的时间复杂度，以找到最佳解决方案[106]。从理论上讲，漂移分析既适用于分析离散型进化算法，也适用于分析连续型进化算法。然而，因为连续型进化算法的目标空间是连续的或者由大量连续子空间构成，难以求得每次迭代的漂移量，所以漂移分析在连续型进化算法上的时间复杂度分析并不多见[107]。

转换分析则是通过将待分析的算法与更简单的算法流程作为参考对象来进行比较，从而得出待分析算法的时间复杂度。转换分析方法最初是由 Yu 等[19] 提出，他们论证了适应值层次法和漂移分析法都可简化为转换分析法，这意味着转换分析法可以得出与前两种方法一样严谨的结果。Yu 等证明了基于收敛性的分析方法也可以转换为转换分析法，其在 (1+1)EA 求解 Trap 问题的案例研究中表明，转换分析方法得出的结果更严格[26]。目前，转换分析法主要针对离散型进化算法，而连续型进化算法的时间复杂度分析结果相对较少。

上述方法主要用于分析离散型进化算法，而对于连续型进化算法而言，理论成果相对较少。但是，大量的实际应用问题是连续的，连续型进化算法的时间复杂度分析具有重要的研究意义。为了更好地分析连续型进化算法的时间复杂度，黄翰等在漂移分析[9] 和黎曼积分[108] 思想的启发下提出了平均增益模型，并成功估算了 (1+1)EA 在球形函数问题上的时间复杂度[10]。张宇山等引入上鞅和停时的概念，改进了原有的平均增益模型，使平均增益模型具有更强的严谨性和通用性[28,46]。之后，Huang 等基于之前的平均增益模型理论提出了一种估算连续型进化算法时间复杂度的实验方法[29]，并用此对进化策略（evolution strategies，ESs）和协方差矩阵进化策略（evolution strategy with covariance matrix adaptation，CMA-ES）算法的时间复杂度进行了估算。

4.2　头脑风暴优化算法的平均增益模型

本节主要介绍头脑风暴优化算法的平均增益模型。因为头脑风暴优化算法在对问题进行求解的过程具有随机性，所以算法对问题的求解可被看作一个赌博的过程。在概率论中，公平赌博的数学模型被定义为鞅，不利赌博与有利赌博分别被定义为上鞅和下鞅。我们将头脑风暴优化算法优化过程视为一种赌博。上鞅的定义如下。

定义 4.1 (上鞅 [109])　设 $\{F_t, t \geqslant 0\}$ 为 F_t 的单调递增子 σ-代数序列。如果对任意的 $t = 0, 1, 2, \cdots$，X_t 在 F_t 上可测，$E(|X_t|) < +\infty$，且对于 $\forall t$，有 $E(X_{t+1}|F_t) \leqslant X_t$，则称随机过程 $\{X_t\}_{t=0}^{\infty}$ 为关于 $\{F_t, t \geqslant 0\}$ 的上鞅。

根据随机过程的理论，设 (Ω, F, P) 是一个概率空间，$\{X_t\}_{t=0}^{\infty}$ 为 (Ω, F, P) 上的一个随机过程。$F_t = \sigma(X_0, X_1, X_2, \cdots, X_t) \subset F$，$t = 0, 1, 2, \cdots$ 为 F 的自然 σ-代数流。σ-代数 F_t 包含了由 $X_0, X_1, X_2, \cdots, X_t$ 生成的所有事件，即直到时刻 t 为止的全部信息。定义 4.1 表明，上鞅在平均意义下是递减的。

在头脑风暴优化算法优化过程中，父代种群生成子代种群的过程具有随机性，将对应地取得或正或负的增益。由于具有随机性，头脑风暴优化算法求解问题的优化过程可以被建模为随机过程。我们以头脑风暴优化算法求解爬山问题为例，将头脑风暴优化算法的优化过程表示为随机过程。在本节中，我们将定义一些待使用的基本术语。

定义 4.2 (爬山问题)　给定一个搜索空间 $S \subset R^n$ 和一个函数 $f: S \to R$，爬山问题的任务是找到一个解 $x^* \in S$，使得函数的适应值达到目标值 H，即 $f(x^*) = H$，其中 x^* 是目标解决方案。

在不失一般性的前提下，我们将本章的讨论建立在头脑风暴优化算法求解连续搜索空间中的爬山问题之上。

定义 4.3 (BSO 算法的状态)　头脑风暴优化算法在迭代 $t\,(t = 0, 1, 2, \cdots)$ 代时的状态定义为 $P_t = \{\boldsymbol{\eta}_1^t, \boldsymbol{\eta}_2^t, \cdots, \boldsymbol{\eta}_\lambda^t\}$，其中 λ 是种群的规模。

头脑风暴优化算法的优化过程是寻找给定问题解决方案的过程。P_t 表示经过 t 次迭代后得到的目前最优解。

定义 4.4 (BSO 算法的状态空间)　所有可能的 BSO 算法状态的集合称为 BSO 算法的状态空间，表示为 $\Omega = S^\lambda = \{P = (\boldsymbol{\eta}_1, \boldsymbol{\eta}_2, \cdots, \boldsymbol{\eta}_\lambda) \,|\, \boldsymbol{\eta}_k \in S, k = 1, 2, \cdots, \lambda\}$。

　　算法求解优化问题的过程可被看作一个从决策空间到目标空间的映射，而 BSO 算法的状态空间则代表决策空间。

　　与传统的算法时间复杂度分析方法的思路不同，平均增益理论以适应值差的随机过程来研究算法的状态转移。

　　其中，适应值差可被看作头脑风暴优化算法的当前解到最优解之间的距离，而增益可以看作头脑风暴优化算法单次迭代过程中在适应值上取得的进展[110]。增益越大，表示与最优解的距离缩小得越快，算法的优化过程效率越高。

　　平均增益 (定义 1.5) 反映了头脑风暴优化算法在优化过程中逼近全局最优解的平均速度。平均增益越大，表示算法优化过程的效率越高。在算法的时间复杂度分析中，人们通常关注算法首次找到目标解所需的迭代次数，即首达时间[9]。对于一个连续型算法，直接求得最优解的概率几乎为零。因此，我们给定一个目标阈值，如果求得解在这个目标阈值的范围内，则认为算法找到了最优解，对连续型算法而言，即 ε-近似解的首达时间，具体定义如下。

　　定义 4.5 (平均首达时间[111])　　假设 $\{\gamma_t\}_{t=0}^{\infty}$ 是一个随机过程，且对任意 $t \geqslant 0$，都有 $\gamma_t \geqslant 0$ 成立，假定 γ_t 是 BSO 当前状态到目标解状态的某一特定的距离值，给定目标阈值 $\varepsilon > 0$，ε-近似解的首达时间[9] 可定义为

$$T_\varepsilon = \min\{t \geqslant 0 : \gamma_t \leqslant \varepsilon\} \tag{4.1}$$

特别地，

$$T_0 = \min\{t \geqslant 0 : \gamma_t \leqslant 0\} \tag{4.2}$$

此外，BSO 算法的平均首达时间[111] 可定义为 $E(T_\varepsilon|\gamma_0)$。

　　作为常用于衡量算法运行时间的一项指标，首达时间是指算法第一次找到目标解所需的迭代次数。此外，平均首达时间表示算法到达目标适应值所需的平均迭代次数。平均首达时间也是运行时间分析中重要的概念。在本章中，我们将使用平均首达时间作为时间复杂度的分析指标。

　　对于头脑风暴优化算法，根据定义 4.3 可知，$P_t = \{\boldsymbol{\eta}_1^t, \boldsymbol{\eta}_2^t, \cdots, \boldsymbol{\eta}_\lambda^t\}$ 表示第 t 次迭代后 BSO 算法的状态，其中 $t = 0, 1, 2, \cdots$。我们将头脑风暴优化算法求解爬山问题的过程视为随机状态从初始种群到目标种群的渐进过程。令 $f(P_t) = \max\{f(\boldsymbol{x}) : \boldsymbol{x} \in P_t\}$ 为种群 P_t 的适应值，定义 $\gamma_t = f^* - f(P_t)$，表示头脑风暴优化算法当前种群的适应值到目标适应值之差，其中 f^* 为目标适应值。显然，序列 $\{\gamma_t\}_{t=0}^{\infty}$ 是一个非负随机过程。

　　在头脑风暴优化算法中，种群 P_{t+1} 的状态仅取决于种群 P_t，与之前种群的历

史信息无关。在这种情况下，可以通过马尔可夫链对随机过程 $\{P_t\}_{t=0}^{\infty}$ 进行建模。相应地，$\{\gamma_t\}_{t=0}^{\infty}$ 也可以看作是一个马尔可夫链。平均增益 $\delta_t = E(\gamma_t - \gamma_{t+1}|H_t)$ 可以被简化为 $\delta_t = E(\gamma_t - \gamma_{t+1}|\gamma_t)$，这将使得计算相对更简便。对于具有马尔可夫性的头脑风暴优化算法，头脑风暴优化算法 T_ε 的期望值估算如下。

定理 4.1　假定 $\{\gamma_t\}_{t=0}^{\infty}$ 是一个与头脑风暴优化算法相关联的随机过程，对任意的 $t \geqslant 0$，有 $\gamma_t \geqslant 0$。设 $h:[0,A] \to R^+$ 为一个单调递增且可积的函数（其中 A 为常数）。如果当 $\gamma_t > \varepsilon > 0$ 时，有 $E(\gamma_t - \gamma_{t+1}|\gamma_t) \geqslant h(\gamma_t)$，则对于 T_ε，有

$$E(T_\varepsilon|\gamma_0) \leqslant 1 + \int_\varepsilon^{\gamma_0} \frac{1}{h(x)}\mathrm{d}x \tag{4.3}$$

证明　令 $m(x) = \begin{cases} 0, & x \leqslant \varepsilon \\ \int_\varepsilon^x \frac{1}{h(u)}\mathrm{d}u + 1, & x > \varepsilon \end{cases}$，可得

（1）当 $x > \varepsilon$，$y \leqslant \varepsilon$ 时，

$$m(x) - m(y) = \int_\varepsilon^x \frac{1}{h(u)}\mathrm{d}u + 1 \geqslant 1$$

（2）当 $x > \varepsilon$，$y > \varepsilon$ 时，

$$m(x) - m(y) = \int_y^x \frac{1}{h(u)}\mathrm{d}u \geqslant \frac{x-y}{h(x)}$$

于是，可得

（1）当 $\gamma_t > \varepsilon$，$\gamma_{t+1} \leqslant \varepsilon$ 时，

$$E(m(\gamma_t) - m(\gamma_{t+1})|\gamma_t) \geqslant 1$$

（2）当 $\gamma_t > \varepsilon$，$\gamma_{t+1} > \varepsilon$ 时，

$$E(m(\gamma_t) - m(\gamma_{t+1})|\gamma_t) \geqslant E\left(\frac{\gamma_t - \gamma_{t+1}}{h(\gamma_t)}|\gamma_t\right) = \frac{1}{h(\gamma_t)}E(\gamma_t - \gamma_{t+1}|\gamma_t) \geqslant 1$$

根据以上推导，可得当 $\gamma_t > \varepsilon > 0$ 时，$E(m(\gamma_t) - m(\gamma_{t+1})|\gamma_t) \geqslant 1$。注意，$T_\varepsilon = \min\{t \geqslant 0 : \gamma_t \leqslant \varepsilon\} = \min\{t \geqslant 0 : m(\gamma_t) = 0\}$。假定 $\gamma_0 > 0$，根据文献 [46] 中的定理 1，可得

$$E(T_\varepsilon|\gamma_0) \leqslant \frac{m(\gamma_0)}{1} = 1 + \int_\varepsilon^{\gamma_0} \frac{1}{h(u)}\mathrm{d}u$$

定理 4.1 得证。　　　　　　　　　　　　　　　　　　　　　　　　□

定理 4.1 给出了算法的平均首达时间与平均增益之间的关系。由此定理可

知，如果想求得算法的平均首达时间上界，可以先求解算法的平均增益下界。平均增益 δ_t 在分析头脑风暴优化算法的 ε-近似解的首达时间 T_ε 中起关键作用。定理 4.1 将支持运用平均增益来分析头脑风暴优化算法的时间复杂度。

4.3　头脑风暴优化算法的时间复杂度分析

在本节中，我们将基于 4.2 节中建立的头脑风暴优化算法的平均增益模型，分析 6 种 BSO 变体案例的时间复杂度，分别推导出它们的时间复杂度的显式表达式，并用数值实验进行了验证。

4.3.1　头脑风暴优化算法的时间复杂度分析思路

头脑风暴优化算法主要由聚类操作、干扰操作和更新操作三部分组成。聚类操作在数据挖掘领域已被众多研究者进行过深入的探究，所以本章把研究的重心放在了干扰操作和更新操作上。干扰操作和更新操作都涉及变异算子，它们在头脑风暴优化算法中起着重要的作用。变异算子一直是研究人员关注的热点 [112-113]。在本章中，我们选择三个最经典且最具代表性的分布 $N(0,1)$、$U\left(-\dfrac{1}{2}, \dfrac{1}{2}\right)$ 和 $U(-1,1)$ 作为变异算子的分析对象。

在头脑风暴优化算法（即算法 4.1）步骤 4 和步骤 5 中，新的解决方案由 $\tilde{x} = x + \Delta$ 生成，其中 x 为原始个体，$\tilde{x}$ 为新生成的个体，而 Δ 是根据一定随机规律生成的向量，即变异算子。为了突出每一种变异算子对算法本身的影响，我们在步骤 4 和步骤 5 中使用相同的变异算子生成新个体，不考虑不同突变算子的叠加。

为了能够更准确观察干扰操作和更新操作对头脑风暴优化算法运行时间的影响，我们将选择单个个体的 BSO 算法作为分析对象。首先，单个体 BSO 算法框架简化了 BSO 算法的种群规模，主要体现了干扰操作和更新操作对运行时间的影响。其次，遵循进化算法运行时间分析的研究历程 [114]，从简单到一般，我们以单个体的 BSO 算法为出发点，对头脑风暴优化算法进行运行时间分析。此外，步骤 4 和步骤 5 新解生成中 Δ 的随机性以及更新公式的设计都来源于进化规划算法 [115] 的突变算子设计，因此本节分析的结论对进化规划算法中类似突变算子的研究有积极意义。

在本章中，我们从干扰操作是否存在这一角度出发，分析两类分别带有三种不同变异算子的头脑风暴优化算法的时间复杂度。我们将不带有干扰操作的头脑风暴优化算法记为 BSO-I 算法，将带有干扰操作的头脑风暴优化算法记为 BSO-II 算法。在此基础上，我们选取了线性函数作为研究对象[102,116]。线性函数是一个基本的连续优化问题，其函数表达式为

$$f(x_1, x_2, \cdots, x_n) = k(x_1 + x_2 + \cdots + x_n) = k \sum_{i=1}^{n} x_i \tag{4.4}$$

其中，$(x_1, x_2, \cdots, x_n) \in S$。为了方便讨论，假定算法在初始化时从原点出发，并将目标适应性值设置为 na，其中 $a > 0$。我们的任务是找到一个解 $x^* \in S$，使得 $f(x^*) = na$。

4.3.2　不存在干扰操作的 BSO 算法案例研究

由于我们选择单个粒子的 BSO 算法作为分析对象，BSO 算法的状态 $P_t = \{\boldsymbol{\eta}_1^t, \boldsymbol{\eta}_2^t, \cdots, \boldsymbol{\eta}_\lambda^t\}$ 中 $\lambda = 1$。单个粒子的 BSO 算法只有一个个体，所以 $\boldsymbol{\eta}_1^t$ 既代表进化个体，又代表算法的随机状态。当干扰操作不存在时（忽略算法 4.1 中的步骤 4），单粒子 BSO 算法的流程如下。

算法 4.2　BSO-I 算法

输入：初始个体 $\boldsymbol{\alpha} = (\alpha_1, \alpha_2, \cdots, \alpha_n) \in \mathbb{R}^n$
输出：最优个体
1:　**while** 终止条件不满足 **do**
2:　　$\boldsymbol{\beta} = \boldsymbol{\alpha} + \boldsymbol{z}$，其中 $\boldsymbol{z}$ 为变异算子
3:　　**if** $\boldsymbol{\beta}$ 的适应值优于 $\boldsymbol{\alpha}$ **then**
4:　　　用 $\boldsymbol{\beta}$ 替代 $\boldsymbol{\alpha}$
5:　　**end if**
6:　**end while**

由于我们讨论的是 n 维连续优化问题，故可设 $\boldsymbol{\alpha}^t = (\alpha_1^t, \alpha_2^t, \cdots, \alpha_n^t) \in S \subset \mathbb{R}^n$，$t = 0, 1, 2, \cdots$ 为算法的第 t 代个体。设 $\gamma_t = na - f(\boldsymbol{\alpha}^t) = na - k(\alpha_1^t + \alpha_2^t, \cdots + \alpha_n^t)$，则第 t 次迭代的增益为

$$
\begin{aligned}
\varphi_t &= \gamma_t - \gamma_{t+1} \\
&= \left[na - k\left(\alpha_1^t + \alpha_2^t + \cdots + \alpha_n^t \right) \right] - \left[na - k\left(\alpha_1^{t+1} + \alpha_2^{t+1} + \cdots + \alpha_n^{t+1} \right) \right] \\
&= k\left(\alpha_1^{t+1} + \alpha_2^{t+1} + \cdots + \alpha_n^{t+1} \right) - k\left(\alpha_1^t + \alpha_2^t + \cdots + \alpha_n^t \right)
\end{aligned} \tag{4.5}
$$

1）变异算子 $z_i \sim N(0,1)$ 的 BSO 算法实例
若变异算子服从标准正态分布 $N(0,1)$，则增益 φ_t 的分布如引理 4.1 所述。

引理 4.1 对于 BSO-I 算法, 如果它的突变算子 $\vec{z}$ 服从 $N(0,1)$, 增益 φ_t 的分布函数 $F(u) = P(\varphi_t \leqslant u)$ 为

$$F(u) = \begin{cases} 0, & u < 0 \\ \dfrac{1}{2}, & u = 0 \\ \dfrac{1}{\sqrt{2\pi n}k} \displaystyle\int_{-\infty}^{u} \mathrm{e}^{-\frac{t^2}{2nk^2}} \mathrm{d}t, & u > 0 \end{cases} \tag{4.6}$$

证明 由于算法 4.2 的步骤 4 和步骤 5, 保留了适应值较好的个体, 则第 $t+1$ 代个体为

$$\boldsymbol{\alpha}^{t+1} = \begin{cases} \boldsymbol{\alpha}^t, f(\boldsymbol{\beta}^t) \leqslant f(\boldsymbol{\alpha}^t) \\ \boldsymbol{\beta}^t, f(\boldsymbol{\beta}^t) > f(\boldsymbol{\alpha}^t) \end{cases}$$

根据 φ_t $(t = 0, 1, 2, \cdots)$ 的定义可得

$$\varphi_t = \gamma_t - \gamma_{t+1} = k\left(\alpha_1^{t+1} + \alpha_2^{t+1} + \cdots + \alpha_n^{t+1}\right) - k\left(\alpha_1^t + \alpha_2^t + \cdots + \alpha_n^t\right)$$

(1) 当 $f(\boldsymbol{\beta}^t) \leqslant f(\boldsymbol{\alpha}^t)$ 时,

$$\varphi_t = k\left(\alpha_1^{t+1} + \alpha_2^{t+1} + \cdots + \alpha_n^{t+1}\right) - k\left(\alpha_1^t + \alpha_2^t + \cdots + \alpha_n^t\right)$$
$$= k\left(\alpha_1^t + \alpha_2^t + \cdots + \alpha_n^t\right) - k\left(\alpha_1^t + \alpha_2^t + \cdots + \alpha_n^t\right) = 0$$

(2) 当 $f(\boldsymbol{\beta}^t) > f(\boldsymbol{\alpha}^t)$ 时,

$$\varphi_t = k\left(\alpha_1^{t+1} + \alpha_2^{t+1} + \cdots + \alpha_n^{t+1}\right) - k\left(\alpha_1^t + \alpha_2^t + \cdots + \alpha_n^t\right)$$
$$= k\left(\beta_1^t + \beta_2^t + \cdots + \beta_n^t\right) - k\left(\alpha_1^t + \alpha_2^t + \cdots + \alpha_n^t\right)$$
$$= k\left[\left(\beta_1^t - \alpha_1^t\right) + \left(\beta_2^t - \alpha_2^t\right) + \cdots + \left(\beta_n^t - \alpha_n^t\right)\right]$$
$$= k\left(z_1^t + z_2^t + \cdots + z_n^t\right) = f(\boldsymbol{z}^t)$$

因为 $z_i \sim N(0,1)$, 且 $z_1, z_2, \cdots, z_n$ 相互独立, 满足正态分布的可加性, 所以可得 $f(\boldsymbol{z}^t)$ 服从分布 $N(0, nk^2)$。

因而, φ_t 分布函数 $F(u) = P(\varphi_t \leqslant u)$ 有如下形式:

(1) 当 $u < 0$ 时, 由 φ_t 的定义可知, $\varphi_t \geqslant 0$, 此时 $F(u) = 0$;

(2) 当 $u = 0$ 时, 由于 $N(0, n)$ 概率密度函数是关于 y 轴对称的, 此时 $F(u) = P(\varphi_t \leqslant u) = P(\varphi_t = 0) = \dfrac{1}{2}$;

（3）当 $u > 0$ 时，$F(u) = P(\eta_t \leqslant u) = \dfrac{1}{\sqrt{2\pi n}k} \displaystyle\int_{-\infty}^{u} \mathrm{e}^{-\frac{t^2}{2nk^2}}\,\mathrm{d}t$。

即

$$F(u) = P(\varphi_t \leqslant u) = \begin{cases} 0, & u < 0 \\[2mm] \dfrac{1}{2}, & u = 0 \\[2mm] \dfrac{1}{\sqrt{2\pi n}k} \displaystyle\int_{-\infty}^{u} \mathrm{e}^{-\frac{t^2}{2nk^2}}\,\mathrm{d}t, & u > 0 \end{cases}$$

引理 4.1 得证。　　$\square$

由引理 4.1 可得如下的定理 4.2。

定理 4.2　对于 BSO-I 算法，若其变异算子 z 服从 $N(0,1)$，那么它达到目标适应值 na 的平均首达时间上界满足

$$E(T_\varepsilon|\gamma_0) \leqslant 1 + \frac{a}{k}\sqrt{2\pi n} - \frac{\varepsilon}{k}\sqrt{\frac{2\pi}{n}} \tag{4.7}$$

证明　根据引理 4.1 可得

$$E(\gamma_t - \gamma_{t+1}|\gamma_t) = E(\varphi_t|\gamma_t) = \int_0^{+\infty} u\, d\left(\frac{1}{\sqrt{2\pi n}k}\int_{-\infty}^{u}\mathrm{e}^{-\frac{t^2}{2nk^2}}\,\mathrm{d}t\right) = \frac{k\sqrt{n}}{\sqrt{2\pi}}$$

算法在初始化时从原点出发，$\boldsymbol{\alpha}^0 = (0, 0, \cdots, 0)$，即 $\gamma_0 = na - f(\boldsymbol{\alpha}^0) = na - k(0 + 0 \cdots + 0) = na$。根据定理 4.1，推导出平均首达时间的上界为

$$E(T_\varepsilon|\gamma_0) \leqslant 1 + \int_\varepsilon^{na} \frac{\sqrt{2\pi}}{k\sqrt{n}}\,\mathrm{d}x = 1 + \frac{a}{k}\sqrt{2\pi n} - \frac{\varepsilon}{k}\sqrt{\frac{2\pi}{n}}$$

定理 4.2 得证。　　$\square$

定理 4.2 表明，对于 BSO-I 算法，如果其突变算子 z 服从分布 $N(0,1)$，则 BSO-I 算法对于线性函数的时间复杂度为 $E(T_\varepsilon|\gamma_0) = O(\sqrt{n})$。

2）变异算子 $z_i \sim U\left(-\dfrac{1}{2}, \dfrac{1}{2}\right)$ 的 BSO 算法实例

均匀分布函数不满足正态分布函数那样的可加性。然而，根据林德贝格–德维中心极限定理[117]，均匀分布函数可以为求解 φ_t 的分布提供思路。下面介绍林德贝格–德维中心极限定理[117]。

设 $\{X_n\}$ 是独立同分布的随机变量序列，$E(X_i) = \mu$ 且 $\mathrm{Var}(X_i) = \sigma^2 > 0$，记

$$Y_n^* = \frac{X_1 + X_2 + \cdots + X_n - n\mu}{\sigma\sqrt{n}} \tag{4.8}$$

则对任意实数 y, 有

$$\lim_{n \to \infty} P\left(Y_n^* \leqslant y\right) = \Phi\left(y\right) = \frac{1}{\sqrt{2\pi}} \int_{-\infty}^{y} \mathrm{e}^{-\frac{t^2}{2}} \mathrm{d}t \tag{4.9}$$

林德贝格–德维中心极限定理[117] 表明, 如果 n 足够大, $Y_n^* \sim N\left(0,1\right)$, 可得 $\sum\limits_{i=1}^{n} X_i \sim N\left(n\mu, n\sigma^2\right)$。对于算法时间复杂度的研究, 我们一般关注高维度的情况, 如果突变算子服从 $U\left(-\frac{1}{2}, \frac{1}{2}\right)$ 的分布, 则增益 φ_t 的分布如引理 4.2 所述。

引理 4.2 对于 BSO-I 算法, 如果它的突变算子 z 服从 $U\left(-\frac{1}{2}, \frac{1}{2}\right)$, 则增益 φ_t 的分布函数 $F\left(u\right) = P\left(\varphi_t \leqslant u\right)$ 为

$$F\left(u\right) = \begin{cases} 0, & u < 0 \\ \dfrac{1}{2}, & u = 0 \\ \dfrac{\sqrt{6}}{\sqrt{\pi n} k} \displaystyle\int_{-\infty}^{u} \mathrm{e}^{-\frac{6t^2}{nk^2}} \mathrm{d}t, & u > 0 \end{cases} \tag{4.10}$$

证明 由于算法 4.2 的步骤 4 和步骤 5 的作用, 适应值较好的个体被保留, 则第 $t+1$ 代个体为

$$\boldsymbol{\alpha}^{t+1} = \begin{cases} \boldsymbol{\alpha}^t, & f\left(\boldsymbol{\beta}^t\right) \leqslant f\left(\boldsymbol{\alpha}^t\right) \\ \boldsymbol{\beta}^t, & f\left(\boldsymbol{\beta}^t\right) > f\left(\boldsymbol{\alpha}^t\right) \end{cases}$$

根据 $\varphi_t\left(t = 0, 1, 2, \cdots\right)$ 的定义可得

(1) 当 $f\left(\boldsymbol{\beta}^t\right) \leqslant f\left(\boldsymbol{\alpha}^t\right)$, $\varphi_t = 0$;

(2) 当 $f(\boldsymbol{\beta}^t) > f\left(\boldsymbol{\alpha}^t\right)$, $\varphi_t = k\left(z_1^t + z_2^t + \cdots + z_n^t\right)$, $z_i \sim U\left(-\frac{1}{2}, \frac{1}{2}\right)$, $z_1, z_2, \cdots$, z_n 相互独立, 根据林德贝格–德维中心极限定理, φ_t 近似服从分布 $N\left(0, \frac{1}{12}nk^2\right)$。

因而, φ_t 分布函数 $F\left(u\right) = P\left(\varphi_t \leqslant u\right)$ 具有如下形式:

(1) 当 $u < 0$ 时, $F\left(u\right) = 0$;

(2) 当 $u = 0$ 时, $F\left(u\right) = P\left(\varphi_t \leqslant u\right) = P\left(\varphi_t = 0\right) = \frac{1}{2}$;

(3) 当 $u > 0$ 时, $F\left(u\right) = P\left(\varphi_t \leqslant u\right) = \frac{\sqrt{6}}{\sqrt{\pi n} k} \int_{-\infty}^{u} \mathrm{e}^{-\frac{6t^2}{nk^2}} \mathrm{d}t$。

即

$$F\left(u\right)=P\left(\varphi_t\leqslant u\right)=\begin{cases}0, & u<0\\[2mm]\dfrac{1}{2}, & u=0\\[2mm]\dfrac{\sqrt{6}}{\sqrt{\pi n}k}\displaystyle\int_{-\infty}^{u}\mathrm{e}^{-\frac{6t^2}{nk^2}}\mathrm{d}t, & u>0\end{cases}$$

引理 4.2 得证。　　　　　　　　　　　　　　　　　　　　　　　　　　　□

由以上结论可得如下的定理 4.3。

定理 4.3　对于 BSO-I 算法，若其变异算子 z 服从 $U\left(-\dfrac{1}{2},\dfrac{1}{2}\right)$，那么它达到目标适应值 na 的平均首达时间上界满足

$$E\left(T_{\varepsilon}|\gamma_0\right)\leqslant 1+\frac{2a}{k}\sqrt{6\pi n}-\frac{2\varepsilon\sqrt{6\pi}}{k\sqrt{n}} \tag{4.11}$$

证明　根据引理 4.2 可得

$$E\left(\gamma_t-\gamma_{t+1}|\gamma_t\right)=E\left(\varphi_t|\gamma_t\right)=\int_0^{+\infty}u\mathrm{d}\left(\frac{\sqrt{6}}{\sqrt{\pi n}k}\int_{-\infty}^{u}\mathrm{e}^{-\frac{6t^2}{nk^2}}\mathrm{d}t\right)=\frac{k\sqrt{n}}{2\sqrt{6\pi}}$$

算法在初始化时从原点出发，$\boldsymbol{\alpha}^0=(0,0,\cdots,0)$，即 $\gamma_0=na$。根据定理 4.1，推导出平均首达时间的上界为

$$E\left(T_{\varepsilon}|\gamma_0\right)\leqslant 1+\int_{\varepsilon}^{na}\frac{2\sqrt{6\pi}}{k\sqrt{n}}\mathrm{d}x=1+\frac{2a}{k}\sqrt{6\pi n}-\frac{2\varepsilon\sqrt{6\pi}}{k\sqrt{n}}$$

定理 4.3 得证。　　　　　　　　　　　　　　　　　　　　　　　　　　□

定理 4.3 表明，对于 BSO-I 算法，如果其突变算子服从 $U\left(-\dfrac{1}{2},\dfrac{1}{2}\right)$ 分布，则 BSO-I 算法对于线性函数的时间复杂度为 $E\left(T_{\varepsilon}|\gamma_0\right)=O\left(\sqrt{n}\right)$。

3）变异算子 $z_i\sim U\left(-1,1\right)$ 的 BSO 算法实例

若变异算子服从标准正态分布 $U\left(-1,1\right)$，则增益 φ_t 的分布如引理 4.3 所述。

引理 4.3　对于 BSO-I 算法，如果它的突变算子 z 服从 $U\left(-1,1\right)$，增益 φ_t 的分布函数 $F\left(u\right)=P\left(\varphi_t\leqslant u\right)$ 为

$$F\left(u\right)=\begin{cases}0, & u<0\\[2mm]\dfrac{1}{2}, & u=0\\[2mm]\dfrac{\sqrt{3}}{\sqrt{2\pi n}k}\displaystyle\int_{-\infty}^{u}\mathrm{e}^{-\frac{3t^2}{2nk^2}}\mathrm{d}t, & u>0\end{cases} \tag{4.12}$$

证明 由于算法 4.2 的步骤 4 和步骤 5 的作用，适应值较好的个体被保留，则第 $t+1$ 代个体为

$$\boldsymbol{\alpha}^{t+1} = \begin{cases} \boldsymbol{\alpha}^t, f\left(\boldsymbol{\beta}^t\right) \leqslant f\left(\boldsymbol{\alpha}^t\right) \\ \\ \boldsymbol{\beta}^t, f\left(\boldsymbol{\beta}^t\right) > f\left(\boldsymbol{\alpha}^t\right) \end{cases}$$

根据 $\varphi_t\ (t=0,1,2,\cdots)$ 的定义可得：

（1）当 $f\left(\boldsymbol{\beta}^t\right) \leqslant f\left(\boldsymbol{\alpha}^t\right)$，$\varphi_t = 0$；

（2）当 $f(\boldsymbol{\beta}^t) > f\left(\boldsymbol{\alpha}^t\right)$，$\varphi_t = k\left(z_1^t + z_2^t + \cdots + z_n^t\right)$，$z_i \sim U(-1,1)$，$z_1, z_2, \cdots, z_n$ 相互独立，根据林德贝格–德维中心极限定理，φ_t 近似服从分布 $N\left(0, \dfrac{1}{3}nk^2\right)$。

因此，φ_t 分布函数 $F\left(u\right) = P\left(\varphi_t \leqslant u\right)$ 具有如下形式：

（1）当 $u < 0$ 时，$F\left(u\right) = 0$；

（2）当 $u = 0$ 时，$F\left(u\right) = P\left(\varphi_t \leqslant u\right) = P\left(\varphi_t = 0\right) = \dfrac{1}{2}$；

（3）当 $u > 0$ 时，$F\left(u\right) = P\left(\varphi_t \leqslant u\right) = \dfrac{\sqrt{3}}{\sqrt{2\pi n}k} \displaystyle\int_{-\infty}^{u} \mathrm{e}^{-\frac{3t^2}{2nk^2}} \mathrm{d}t$。

即

$$F\left(u\right) = P\left(\varphi_t \leqslant u\right) = \begin{cases} 0, & u < 0 \\ \\ \dfrac{1}{2}, & u = 0 \\ \\ \dfrac{\sqrt{3}}{\sqrt{2\pi n}k} \displaystyle\int_{-\infty}^{u} \mathrm{e}^{-\frac{3t^2}{2nk^2}} \mathrm{d}t, & u > 0 \end{cases}$$

引理 4.3 得证。   □

由以上结论可得如下的定理 4.4。

定理 4.4 对于 BSO-I 算法，若其变异算子 z 服从 $U\left(-1,1\right)$，那么它达到目标适应值 na 的平均首达时间上界满足

$$E\left(T_\varepsilon | \gamma_0\right) \leqslant 1 + \frac{a}{k}\sqrt{6\pi n} - \frac{\varepsilon}{k}\sqrt{\frac{6\pi}{n}} \tag{4.13}$$

证明 根据引理 4.3 可得

$$E\left(\gamma_t - \gamma_{t+1} | \gamma_t\right) = E\left(\varphi_t | \gamma_t\right) = \int_0^{+\infty} u\, \mathrm{d}\left(\frac{\sqrt{3}}{\sqrt{2\pi n}k} \int_{-\infty}^{u} \mathrm{e}^{-\frac{3t^2}{2nk^2}} \mathrm{d}t\right) = \frac{k\sqrt{n}}{\sqrt{6\pi}}$$

算法在初始化时从原点出发，$\boldsymbol{\alpha}^0 = (0,0,\cdots,0)$，即 $\gamma_0 = na$。根据定理 4.1，

可推导出平均首达时间的上界为

$$E\left(T_\varepsilon|\gamma_0\right) \leqslant 1 + \int_\varepsilon^{na} \frac{\sqrt{6\pi}}{k\sqrt{n}}\mathrm{d}x = 1 + \frac{a}{k}\sqrt{6\pi n} - \frac{\varepsilon}{k}\sqrt{\frac{6\pi}{n}}$$

定理 4.4 得证。　　　　　　　　　　　　　　　　　　　　　　　　　□

定理 4.4 表明，对于 BSO-I 算法，如果其突变算子服从 $U(-1,1)$ 分布，则 BSO-I 算法对于线性函数的时间复杂度为 $E\left(T_\varepsilon|\gamma_0\right) = O\left(\sqrt{n}\right)$。

4.3.3　存在干扰操作的 BSO 算法案例研究

在算法 4.2 中添加干扰操作后，单粒子 BSO 算法的流程可被简化，如算法 4.3 所示。

算法 4.3　BSO-II 算法

输入：初始个体 $\boldsymbol{\alpha} = (\alpha_1, \alpha_2, \cdots, \alpha_n) \in \mathbb{R}^n$

输出：最优个体

1: **while** 终止条件不满足 **do**
2: 　　生成随机数 $Pb' \sim U(0,1)$
3: 　　**if** Pb' 小于预定概率 Pb **then**
4: 　　　　用随机生成的个体 $\boldsymbol{b} = (b_1, b_2, \cdots, b_n)$ 代替 $\boldsymbol{\alpha}$
5: 　　**end if**
6: 　　**if** $Pb' < Pb$ **then**
7: 　　　　$\boldsymbol{\beta} = \boldsymbol{b} + \boldsymbol{z}$，其中 $\boldsymbol{z}$ 为变异算子
8: 　　**else**
9: 　　　　$\boldsymbol{\beta} = \boldsymbol{\alpha} + \boldsymbol{z}$
10: 　　**end if**
11: 　　**if** $\boldsymbol{\beta}$ 的适应值优于 $\boldsymbol{\alpha}$ **then**
12: 　　　　$\boldsymbol{\beta}$ 替代 $\boldsymbol{\alpha}$
13: 　　**end if**
14: **end while**

在算法 4.3 中，步骤 4~步骤 6 是干扰操作，通常以较小概率执行。令 $A = \{Pb'|Pb' < Pb\}$ 表示发生替换，而 $\bar{A} = \{Pb'|Pb' \geqslant Pb\}$ 表示没有替换发生。

为了突出每一种变异算子对算法本身的影响，在步骤 5 和步骤 8 中选择相同的突变算子去生成新的个体，即 $b_i = \alpha_i + \Delta x_i$，其中 Δx_i 和 z_i 遵循相同的分布。

这里，$\boldsymbol{\alpha}^t = (\alpha_1^t, \alpha_2^t, \cdots, \alpha_n^t) \in S$，$t = 0, 1, 2, \cdots$ 为算法的第 t 代个体。我们定义

$$\gamma_t = na - f\left(\boldsymbol{\alpha}^t\right) = na - k\left(\alpha_1^t + \alpha_2^t + \cdots + \alpha_n^t\right) \tag{4.14}$$

第 t 次迭代的增益为

$$\varphi_t = \gamma_t - \gamma_{t+1} = k\left(\alpha_1^{t+1} + \alpha_2^{t+1} + \cdots + \alpha_n^{t+1}\right) - k\left(\alpha_1^t + \alpha_2^t + \cdots + \alpha_n^t\right) \quad (4.15)$$

1）变异算子 $z_i \sim N(0,1)$ 的 BSO 算法实例

（1）若 $Pb' \geqslant Pb$，则与无干扰操作情况下的情形 1）相同，即平均增益 $E\left(\gamma_t - \gamma_{t+1} | \gamma_t, \bar{A}\right) = E\left(\varphi_t | \gamma_t, \bar{A}\right) = \dfrac{k\sqrt{n}}{\sqrt{2\pi}}$。

（2）若 $Pb' < Pb$，变异算子服从标准正态分布 $N(0,1)$，则增益 φ_t 的分布如引理 4.4 所述。

引理 4.4 对于 BSO-II 算法，如果它的突变算子 z 服从 $N(0,1)$ 且 $Pb' < Pb$，增益 φ_t 的分布函数 $F(u) = P(\varphi_t \leqslant u)$ 为

$$F(u) = \begin{cases} 0, & u < 0 \\[2mm] \dfrac{1}{2}, & u = 0 \\[2mm] \dfrac{1}{2k\sqrt{\pi n}} \displaystyle\int_{-\infty}^{u} \mathrm{e}^{-\frac{t^2}{4nk^2}} \,\mathrm{d}t, & u > 0 \end{cases} \quad (4.16)$$

证明 由于算法 4.3 的步骤 12 和步骤 13 的作用，适应值较好的个体被保留，则第 $t+1$ 代个体为

$$\boldsymbol{\alpha}^{t+1} = \begin{cases} \boldsymbol{\alpha}^t, f\left(\boldsymbol{\beta}^t\right) \leqslant f\left(\boldsymbol{\alpha}^t\right) \\[2mm] \boldsymbol{\beta}^t, f\left(\boldsymbol{\beta}^t\right) > f\left(\boldsymbol{\alpha}^t\right) \end{cases}$$

根据 $\varphi_t \, (t = 0, 1, 2, \cdots)$ 的定义可得：

（1）当 $f\left(\boldsymbol{\beta}^t\right) \leqslant f\left(\boldsymbol{\alpha}^t\right)$ 时，

$$\varphi_t = k\left(\alpha_1^{t+1} + \alpha_2^{t+1} + \cdots + \alpha_n^{t+1}\right) - k\left(\alpha_1^t + \alpha_2^t + \cdots + \alpha_n^t\right)$$
$$= k\left(\alpha_1^t + \alpha_2^t + \cdots + \alpha_n^t\right) - k\left(\alpha_1^t + \alpha_2^t + \cdots + \alpha_n^t\right) = 0$$

（2）当 $f\left(\boldsymbol{\beta}^t\right) > f\left(\boldsymbol{\alpha}^t\right)$ 时，

$$\varphi_t = k\left(\alpha_1^{t+1} + \alpha_2^{t+1} + \cdots + \alpha_n^{t+1}\right) - k\left(\alpha_1^t + \alpha_2^t + \cdots + \alpha_n^t\right)$$
$$= k\left[\left(b_1^t + b_2^t + \cdots + b_n^t\right) + \left(z_1^t + z_2^t + \cdots + z_n^t\right)\right] - k\left(\alpha_1^t + \alpha_2^t + \cdots + \alpha_n^t\right)$$
$$= k\left[\left(\alpha_1^t + \alpha_2^t + \cdots + \alpha_n^t\right) + \left(\Delta x_1^t + \Delta x_2^t + \cdots + \Delta x_n^t\right)\right] +$$
$$\quad k\left(z_1^t + z_2^t + \cdots + z_n^t\right) - k\left(\alpha_1^t + \alpha_2^t + \cdots + \alpha_n^t\right)$$
$$= k\left[\left(\Delta x_1^t + \Delta x_2^t + \cdots + \Delta x_n^t\right) + \left(z_1^t + z_2^t + \cdots + z_n^t\right)\right]$$

因为 $z_i \sim N(0,1)$，$\Delta x_i \sim N(0,1)$，且 $z_1, z_2, \cdots, z_n$ 相互独立，$\Delta x_1, \Delta x_2, \cdots, \Delta x_n$ 也相互独立，满足正态分布的可加性。因此，φ_t 服从分布 $N(0, 2nk^2)$。

因此，φ_t 分布函数 $F(u) = P(\varphi_t \leqslant u)$ 具有如下形式：

（1）当 $u < 0$ 时，$F(u) = 0$；

（2）当 $u = 0$ 时，$F(u) = P(\varphi_t \leqslant u) = P(\varphi_t = 0) = \dfrac{1}{2}$；

（3）当 $u > 0$ 时，$F(u) = P(\varphi_t \leqslant u) = \dfrac{1}{2k\sqrt{\pi n}}\displaystyle\int_{-\infty}^{u} e^{-\frac{t^2}{4nk^2}}\,\mathrm{d}t$。

即

$$F(u) = P(\varphi_t \leqslant u) = \begin{cases} 0, & u < 0 \\[2mm] \dfrac{1}{2}, & u = 0 \\[3mm] \dfrac{1}{2k\sqrt{\pi n}}\displaystyle\int_{-\infty}^{u} e^{-\frac{t^2}{4nk^2}}\,\mathrm{d}t, & u > 0 \end{cases}$$

引理 4.4 得证。　　　　　　　　　　　　　　　　　　　　　　　　　　　$\square$

由以上结论可得：

$$E\left(\gamma_t - \gamma_{t+1}|\gamma_t, A\right) = E\left(\varphi_t|\gamma_t, A\right) = \int_0^{+\infty} x\,\mathrm{d}\left(\frac{k}{2\sqrt{\pi n}}\int_{-\infty}^{x} e^{-\frac{t^2}{4n}}\,\mathrm{d}t\right) = \frac{k\sqrt{n}}{\sqrt{\pi}}$$

假设替换发生的概率 $Pb = 0.2$[118]，可得如下结论。

定理 4.5　对于 BSO-II 算法，若其变异算子 z 服从 $N(0,1)$，那么它达到目标适应值 na 的平均首达时间上界满足

$$E\left(T_\varepsilon|\gamma_0\right) \leqslant 1 + \frac{5\sqrt{2\pi n}}{4+\sqrt{2}} \cdot \frac{a}{k} - \frac{5\sqrt{2\pi}}{4\sqrt{n}+\sqrt{2n}} \cdot \frac{\varepsilon}{k} \tag{4.17}$$

证明　根据引理 4.4 可得

$$E\left(\gamma_t - \gamma_{t+1}|\gamma_t\right) = P\left(\bar{A}\right) E\left(\gamma_t - \gamma_{t+1}|\gamma_t, \bar{A}\right) + P\left(A\right) E\left(\gamma_t - \gamma_{t+1}|\gamma_t, A\right)$$

$$（全期望公式^{[115]}）$$

$$= (1 - 0.2) \times E\left(\gamma_t - \gamma_{t+1}|\gamma_t, \bar{A}\right) + 0.2 \times E\left(\gamma_t - \gamma_{t+1}|\gamma_t, A\right)$$

$$= 0.8 \times \frac{k\sqrt{n}}{\sqrt{2\pi}} + 0.2 \times \frac{k\sqrt{n}}{\sqrt{\pi}} = \frac{4k\sqrt{n}+k\sqrt{2n}}{5\sqrt{2\pi}}$$

算法在初始化时从原点出发，$\boldsymbol{\alpha}^0 = (0, 0, \cdots, 0)$，即 $\gamma_0 = na - f\left(\boldsymbol{\alpha}^0\right) = na - k(0 + 0 + \cdots + 0) = na$。根据定理 4.1，可推导出平均首达时间的上界为

$$E\left(T_\varepsilon|\gamma_0\right) \leqslant 1 + \int_\varepsilon^{na} \frac{5\sqrt{2\pi}}{4k\sqrt{n}+k\sqrt{2n}}\mathrm{d}x = 1 + \frac{5\sqrt{2\pi n}}{4+\sqrt{2}}\cdot\frac{a}{k} - \frac{5\sqrt{2\pi}}{4\sqrt{n}+\sqrt{2n}}\cdot\frac{\varepsilon}{k}$$

定理 4.5 得证。   □

定理 4.5 表明，对于 BSO-II 算法，如果其突变算子 z 服从分布 $N\left(0,1\right)$，则 BSO-II 算法对于线性函数的时间复杂度为 $E\left(T_\varepsilon|\gamma_0\right) = O\left(\sqrt{n}\right)$。

2）变异算子 $z_i \sim U\left(-\dfrac{1}{2},\dfrac{1}{2}\right)$ 的 BSO 算法实例

（1）若 $Pb' \geqslant Pb$，则与无干扰操作情况下的情形 2）相同，即平均增益 $E\left(\gamma_t - \gamma_{t+1}|\gamma_t, \bar{A}\right) = E\left(\varphi_t|\gamma_t, \bar{A}\right) = \dfrac{k\sqrt{n}}{2\sqrt{6\pi}}$。

（2）若 $Pb' < Pb$，变异算子服从标准正态分布 $U\left(-\dfrac{1}{2},\dfrac{1}{2}\right)$，则增益 φ_t 的分布如引理 4.5 所述。

引理 4.5 对于 BSO-II 算法，如果它的突变算子 z 服从 $U\left(-\dfrac{1}{2},\dfrac{1}{2}\right)$ 且 $Pb' < Pb$，增益 φ_t 的分布函数 $F\left(u\right) = P\left(\varphi_t \leqslant u\right)$ 为

$$F\left(u\right) = \begin{cases} 0, & u < 0 \\[2mm] \dfrac{1}{2}, & u = 0 \\[2mm] \dfrac{\sqrt{3}}{\sqrt{\pi n}k}\displaystyle\int_{-\infty}^u \mathrm{e}^{-\frac{3t^2}{nk^2}}\mathrm{d}t, & u > 0 \end{cases} \tag{4.18}$$

证明 由于算法 4.3 的步骤 12 和步骤 13 的作用，适应值较好的个体被保留，则第 $t+1$ 代个体为

$$\boldsymbol{\alpha}^{t+1} = \begin{cases} \boldsymbol{\alpha}^t, f\left(\boldsymbol{\beta}^t\right) \leqslant f\left(\boldsymbol{\alpha}^t\right) \\[2mm] \boldsymbol{\beta}^t, f\left(\boldsymbol{\beta}^t\right) > f\left(\boldsymbol{\alpha}^t\right) \end{cases}$$

根据 $\varphi_t\left(t = 0,1,2,\cdots\right)$ 的定义可得：

（1）当 $f\left(\boldsymbol{\beta}^t\right) \leqslant f\left(\boldsymbol{\alpha}^t\right)$，$\varphi_t = 0$；

（2）当 $f\left(\boldsymbol{\beta}^t\right) > f\left(\boldsymbol{\alpha}^t\right)$，$\varphi_t = k\left[\left(\Delta x_1^t + \Delta x_2^t + \cdots + \Delta x_n^t\right) + \left(z_1^t + z_2^t + \cdots + z_n^t\right)\right]$。

因为 $z_i \sim U\left(-\dfrac{1}{2},\dfrac{1}{2}\right)$，$\Delta x_i \sim U\left(-\dfrac{1}{2},\dfrac{1}{2}\right)$，$z_1, z_2, \cdots, z_n$ 相互独立，Δx_1, $\Delta x_2, \cdots, \Delta x_n$ 也相互独立，根据林德贝格–德维中心极限定理，可得 φ_t 近似服从

分布 $N\left(0,\dfrac{1}{6}nk^2\right)$。

因此，φ_t 分布函数 $F\left(u\right)=P\left(\varphi_t\leqslant u\right)$ 具有如下形式：

（1）当 $u<0$ 时，$F\left(u\right)=0$；

（2）当 $u=0$ 时，$F\left(u\right)=P\left(\varphi_t\leqslant u\right)=P\left(\varphi_t=0\right)=\dfrac{1}{2}$；

（3）当 $u>0$ 时，$F\left(u\right)=P\left(\varphi_t\leqslant u\right)=\dfrac{\sqrt{3}}{\sqrt{\pi}nk}\displaystyle\int_{-\infty}^{u}\mathrm{e}^{-\frac{3t^2}{nk^2}}\mathrm{d}t$。

即

$$F\left(u\right)=P\left(\varphi_t\leqslant u\right)=\begin{cases}0, & u<0\\[2mm]\dfrac{1}{2}, & u=0\\[3mm]\dfrac{\sqrt{3}}{\sqrt{\pi}nk}\displaystyle\int_{-\infty}^{u}\mathrm{e}^{-\frac{3t^2}{nk^2}}\mathrm{d}t, & u>0\end{cases}$$

引理 4.5 得证。　　　　　　　　　　　　　　　　　　　　　　□

由以上结论可得：

$$E\left(\gamma_t-\gamma_{t+1}|\gamma_t,A\right)=E\left(\varphi_t|\gamma_t,A\right)=\int_0^{+\infty}u\,\mathrm{d}\left(\frac{\sqrt{3}}{\sqrt{\pi}nk}\int_{-\infty}^{u}\mathrm{e}^{-\frac{3t^2}{nk^2}}\mathrm{d}t\right)=\frac{k\sqrt{n}}{2\sqrt{3\pi}}$$

假设替换发生的概率 $Pb=0.2$[118]，可得如下结论。

定理 4.6　对于 BSO-II 算法，若其变异算子 z 服从 $U\left(-\dfrac{1}{2},\dfrac{1}{2}\right)$，那么它达到目标适应值 na 的平均首达时间上界满足：

$$E\left(T_\varepsilon|\gamma_0\right)\leqslant 1+\frac{10\sqrt{6\pi n}}{4+\sqrt{2}}\cdot\frac{a}{k}-\frac{10\sqrt{6\pi}}{4\sqrt{n}+\sqrt{2n}}\cdot\frac{\varepsilon}{k} \tag{4.19}$$

证明　根据引理 4.5 可得，

$$E\left(\gamma_t-\gamma_{t+1}|\gamma_t\right)=P\left(\bar{A}\right)E\left(\gamma_t-\gamma_{t+1}|\gamma_t,\bar{A}\right)+P\left(A\right)E\left(\gamma_t-\gamma_{t+1}|\gamma_t,A\right)$$

$$=\left(1-0.2\right)\times E\left(\gamma_t-\gamma_{t+1}|\gamma_t,\bar{A}\right)+0.2\times E\left(\gamma_t-\gamma_{t+1}|\gamma_t,A\right)$$

$$=0.8\times\frac{k\sqrt{n}}{2\sqrt{6\pi}}+0.2\times\frac{k\sqrt{n}}{2\sqrt{3\pi}}=\frac{4k\sqrt{n}+k\sqrt{2n}}{10\sqrt{6\pi}}$$

算法在初始化时从原点出发，$\boldsymbol{\alpha}^0=(0,0,\cdots,0)$，即 $\gamma_0=na$。根据定理 4.1，可推导出平均首达时间的上界为

$$E\left(T_{\varepsilon}|\gamma_0\right) \leqslant 1 + \int_{\varepsilon}^{na} \frac{10\sqrt{6\pi}}{4\sqrt{n}+\sqrt{2n}} \mathrm{d}x = 1 + \frac{10\sqrt{6\pi n}}{4+\sqrt{2}} \cdot \frac{a}{k} - \frac{10\sqrt{6\pi}}{4\sqrt{n}+\sqrt{2n}} \cdot \frac{\varepsilon}{k}$$

定理 4.6 得证。 □

定理 4.6 表明，对于 BSO-II 算法，如果其突变算子服从 $U\left(-\dfrac{1}{2}, \dfrac{1}{2}\right)$ 分布，则 BSO-II 算法对于线性函数的时间复杂度为 $E\left(T_{\varepsilon}|\gamma_0\right) = O\left(\sqrt{n}\right)$。

3）变异算子 $z_i \sim U\left(-1,1\right)$ 的 BSO 算法实例

（1）若 $Pb' \geqslant Pb$，则与无干扰操作情况下的情形 3）相同，即平均增益 $E\left(\gamma_t - \gamma_{t+1}|\gamma_t, \bar{A}\right) = E\left(\varphi_t|\gamma_t, \bar{A}\right) = \dfrac{k\sqrt{n}}{\sqrt{6\pi}}$。

（2）若 $Pb' < Pb$，变异算子服从标准正态分布 $U\left(-1,1\right)$，则增益 φ_t 的分布如引理 4.6 所述。

引理 4.6　对于 BSO-II 算法，如果它的突变算子 z 服从 $U\left(-1,1\right)$ 且 $Pb' < Pb$，增益 φ_t 的分布函数 $F\left(u\right) = P\left(\varphi_t \leqslant u\right)$ 为

$$F\left(u\right) = \begin{cases} 0, & u < 0 \\[2mm] \dfrac{1}{2}, & u = 0 \\[2mm] \dfrac{\sqrt{3}}{\sqrt{4\pi nk}} \int_{-\infty}^{u} \mathrm{e}^{-\frac{3t^2}{4nk^2}} \mathrm{d}t, & u > 0 \end{cases} \tag{4.20}$$

证明　由于算法 4.3 的步骤 12 和步骤 13 的作用，适应值较好的个体被保留，则第 $t+1$ 代个体为

$$\boldsymbol{\alpha}^{t+1} = \begin{cases} \boldsymbol{\alpha}^t, f\left(\boldsymbol{\beta}^t\right) \leqslant f\left(\boldsymbol{\alpha}^t\right) \\[2mm] \boldsymbol{\beta}^t, f\left(\boldsymbol{\beta}^t\right) > f\left(\boldsymbol{\alpha}^t\right) \end{cases}$$

根据 φ_t $\left(t = 0, 1, 2, \cdots\right)$ 的定义可得：

（1）当 $f\left(\boldsymbol{\beta}^t\right) \leqslant f\left(\boldsymbol{\alpha}^t\right)$，$\varphi_t = 0$。

（2）当 $f\left(\boldsymbol{\beta}^t\right) > f\left(\boldsymbol{\alpha}^t\right)$，因为 $z_i \sim U\left(-1,1\right)$，$\Delta x_i \sim U\left(-1,1\right)$，$z_1, z_2, \cdots, z_n$ 相互独立，$\Delta x_1, \Delta x_2, \cdots, \Delta x_n$ 也相互独立，根据林德贝格–德维中心极限定理，可得 φ_t 近似服从分布 $N\left(0, \dfrac{2}{3}nk^2\right)$。

因此，φ_t 分布函数 $F\left(u\right) = P\left(\varphi_t \leqslant u\right)$ 具有如下形式：

（1）当 $u < 0$ 时，$F\left(u\right) = 0$；

（2）当 $u = 0$ 时，$F\left(u\right) = P\left(\varphi_t \leqslant u\right) = P\left(\varphi_t = 0\right) = \dfrac{1}{2}$；

（3）当 $u > 0$ 时，$F(u) = P(\varphi_t \leqslant u) = \dfrac{\sqrt{3}}{\sqrt{4\pi nk}} \displaystyle\int_{-\infty}^{u} \mathrm{e}^{-\frac{3t^2}{4nk^2}} \mathrm{d}t$。

即

$$
F(u) = P(\varphi_t \leqslant u) = \begin{cases} 0, & u < 0 \\[2mm] \dfrac{1}{2}, & u = 0 \\[2mm] \dfrac{\sqrt{3}}{\sqrt{4\pi nk}} \displaystyle\int_{-\infty}^{u} \mathrm{e}^{-\frac{3t^2}{4nk^2}} \mathrm{d}t, & u > 0 \end{cases}
$$

引理 4.6 得证。 □

由以上结论可得

$$
E(\gamma_t - \gamma_{t+1} | \gamma_t, A) = E(\varphi_t | \gamma_t, A) = \int_0^{+\infty} u d\left(\frac{\sqrt{3}}{\sqrt{4\pi nk}} \int_{-\infty}^{u} \mathrm{e}^{-\frac{3t^2}{4nk^2}} \mathrm{d}t \right) = \frac{k\sqrt{n}}{\sqrt{3\pi}}
$$

假设替换发生的概率 $Pb = 0.2$[118]，可得如下结论。

定理 4.7　对于 BSO-I 算法，若其变异算子 $\boldsymbol{z}$ 服从 $U(-1,1)$，那么它达到目标适应值 na 的平均首达时间上界满足：

$$
E(T_\varepsilon | \gamma_0) \leqslant 1 + \frac{5\sqrt{6\pi n}}{4 + \sqrt{2}} \cdot \frac{a}{k} - \frac{5\sqrt{6\pi}}{4\sqrt{n} + \sqrt{2n}} \cdot \frac{\varepsilon}{k} \tag{4.21}
$$

证明　根据引理 4.6 可得

$$
E(\gamma_t - \gamma_{t+1} | \gamma_t) = P(\bar{A}) E(\gamma_t - \gamma_{t+1} | \gamma_t, \bar{A}) + P(A) E(\gamma_t - \gamma_{t+1} | \gamma_t, A)
$$

$$
= (1 - 0.2) \times E(\gamma_t - \gamma_{t+1} | \gamma_t, \bar{A}) + 0.2 \times E(\gamma_t - \gamma_{t+1} | \gamma_t, A)
$$

$$
= 0.8 \times \frac{k\sqrt{n}}{\sqrt{6\pi}} + 0.2 \times \frac{k\sqrt{n}}{\sqrt{3\pi}} = \frac{4k\sqrt{n} + k\sqrt{2n}}{5\sqrt{6\pi}}
$$

算法在初始化时从原点出发，$\boldsymbol{\alpha}^0 = (0, 0, \cdots, 0)$，即 $\gamma_0 = na$。根据定理 4.1，可推导出平均首达时间的上界为

$$
E(T_\varepsilon | \gamma_0) \leqslant 1 + \int_\varepsilon^{na} \frac{5\sqrt{6\pi}}{4\sqrt{n} + \sqrt{2n}} \mathrm{d}x = 1 + \frac{5\sqrt{6\pi n}}{4 + \sqrt{2}} \cdot \frac{a}{k} - \frac{5\sqrt{6\pi}}{4\sqrt{n} + \sqrt{2n}} \cdot \frac{\varepsilon}{k}
$$

定理 4.7 得证。 □

定理 4.7 表明，对于 BSO-II 算法，如果其突变算子服从 $U(-1,1)$ 分布，则 BSO-I 算法对于线性函数的时间复杂度为 $E(T_\varepsilon | \gamma_0) = O(\sqrt{n})$。

4.3.4 BSO 算法时间复杂度的验证实验

我们运用平均增益模型分析了头脑风暴优化算法时间复杂度的理论结果。为验证分析结果的正确性，我们进行了数值实验验证。根据辛钦大数定律[117]，随着样本数的增加，算术平均值将逐渐接近真实的数学期望值。下面介绍辛钦大数定律。

假设 $X_1, X_2, \cdots, X_n$ 是一个独立同分布的随机变量序列，且数学期望 $E(X_i) = \mu$，则对 $\varepsilon > 0$，有

$$\lim_{n \to \infty} P\left(\left|\frac{1}{n}\sum_{i=1}^{n} X_i - \mu\right| < \varepsilon\right) = 1 \tag{4.22}$$

辛钦大数定律表明，如果样本数足够大，数学期望值近似等于样本 $X_1, X_2, \cdots, X_n$ 的平均值。在这里，我们运用多次实验的首达时间的算术平均值来估计算法的实际平均首达时间。

在本实验中，具体的参数设置如下：固定误差 $\varepsilon = 1 \times 10^{-8}$，初始点 $x^0 = (x_1^0, x_2^0, \cdots, x_n^0) = (0, 0, \cdots, 0)$，斜率 $k = 1$，目标适应值参数 $a = 10$。问题维度 n 为 10～300。对于每一维度，我们将算法 4.1 和算法 4.2 分别在维度 n 的线性求和函数上运行 300 次。表 4.1 显示了实际的平均首达时间 $E\widehat{(T_\varepsilon | \gamma_0)}$ 和理论时间上界的数值结果，其中 $E\widehat{(T_\varepsilon | \gamma_0)} = \dfrac{\sum\limits_{i=1}^{300} T_{\varepsilon i}}{300}$，$T_{\varepsilon i}$ 表示第 i 轮 ε- 近似解的首达时间。

根据表 4.1，实验运行结果与理论结果高度吻合，这说明我们理论推导得到的上界很紧致，但存在部分实验值大于理论上界值（黑体加粗数值）。我们运用了多次实验的算术平均值来估算算法的实际平均首达时间，而辛钦大数定律的前提是 n 充分大。在实际操作中，我们只运行了 300 次实验求得算术平均值，从而估算平均首达时间，因而允许存在一定的统计误差。根据中心极限定理，300 次独立实验得出的结果应遵循正态分布。在 MATLAB 环境下，我们进一步对这 300 次数值实验的结果进行了 T 检验。设定原假设 H_0 为：300 次实验的均值小于或等于理论上界，并取显著性水平 $\alpha = 0.05$，所得结果如表 4.2 所示。

表 4.2 提供了数值结果，其中参数 h 表示假设结果，参数 p 代表检验的 p 值，c_i 为置信区间。从表 4.2 所示的检验结果来看，$h = 0$，$p > \alpha$，在显著性水平 $\alpha = 0.05$ 下，接受原假设。因此，基于平均收益模型求得的头脑风暴优化算法时间复杂度的解析表达式能够正确刻画头脑风暴优化算法运行时间。

表 4.1　平均首达时间估计值与理论上限的比较

算法	z	n	10	40	70	100	130	160	190	220	250	280
BSO-I	$N(0,1)$	$1+\sqrt{2\pi n}\cdot\dfrac{a}{k}-\sqrt{\dfrac{2\pi}{n}}\cdot\dfrac{\varepsilon}{k}$	80.27	159.53	210.72	251.66	286.80	318.07	346.51	372.79	397.33	420.44
		$E(\widehat{T_\varepsilon}\mid\gamma_0)$	79.65	**159.57**	**212.51**	**252.09**	**287.14**	316.84	345.61	**373.66**	**398.08**	418.75
	$U\left(-\dfrac{1}{2},\dfrac{1}{2}\right)$	$1+2\sqrt{6\pi n}\cdot\dfrac{a}{k}-\dfrac{2\sqrt{6\pi}}{\sqrt{n}}\cdot\dfrac{\varepsilon}{k}$	275.59	550.17	727.49	869.32	991.04	1099.35	1197.90	1288.93	1373.94	1453.98
		$E(\widehat{T_\varepsilon}\mid\gamma_0)$	**275.81**	548.63	**727.97**	868.67	990.57	**1102.96**	**1198.00**	1288.83	1373.06	**1455.95**
	$U(-1,1)$	$1+\sqrt{6\pi n}\cdot\dfrac{a}{k}-\sqrt{\dfrac{6\pi}{n}}\cdot\dfrac{\varepsilon}{k}$	138.29	275.59	364.24	435.16	496.02	550.17	599.45	644.96	687.47	727.49
		$E(\widehat{T_\varepsilon}\mid\gamma_0)$	137.27	275.45	363.95	**435.81**	**498.34**	**553.30**	598.41	641.36	685.46	723.91
BSO-II	$N(0,1)$	$1+\dfrac{5\sqrt{2\pi n}}{4+\sqrt{2}}\cdot\dfrac{a}{k}-\dfrac{5\sqrt{2\pi}}{4\sqrt{n}+\sqrt{2n}}\cdot\dfrac{\varepsilon}{k}$	74.20	147.40	194.68	232.49	264.93	293.81	320.08	344.35	367.01	388.35
		$E(\widehat{T_\varepsilon}\mid\gamma_0)$	72.97	145.55	193.03	**232.77**	262.05	**294.26**	318.51	**347.10**	365.51	387.87
	$U\left(-\dfrac{1}{2},\dfrac{1}{2}\right)$	$1+\dfrac{10\sqrt{6\pi n}}{4+\sqrt{2}}\cdot\dfrac{a}{k}-\dfrac{10\sqrt{6\pi}}{4\sqrt{n}+\sqrt{2n}}\cdot\dfrac{\varepsilon}{k}$	254.58	508.16	671.91	802.89	915.30	1015.32	1106.33	1190.40	1268.90	1342.82
		$E(\widehat{T_\varepsilon}\mid\gamma_0)$	251.80	505.49	**674.53**	**804.58**	**915.61**	1014.22	1103.21	**1190.82**	**1271.88**	1342.12
	$U(-1,1)$	$1+\dfrac{5\sqrt{6\pi n}}{4+\sqrt{2}}\cdot\dfrac{a}{k}-\dfrac{5\sqrt{6\pi}}{4\sqrt{n}+\sqrt{2n}}\cdot\dfrac{\varepsilon}{k}$	127.79	254.58	336.45	401.95	458.15	508.16	553.67	595.70	634.95	671.91
		$E(\widehat{T_\varepsilon}\mid\gamma_0)$	**128.10**	253.61	334.30	400.20	458.07	507.69	**554.34**	594.77	634.45	669.75

注：黑体加粗数值表示实验值大于理论上界值。

表 4.2 假设检验的统计结果

算法	$\bar{z}$	n	10	40	70	100	130	160	190	220	250	280
BSO-I	$N(0,1)$	h	0	0	0	0	0	0	0	0	0	0
		p	0.80	0.48	0.06	0.38	0.41	0.81	0.72	0.31	0.34	0.83
		c_i	78.41, Inf	157.86, Inf	210.57, Inf	249.84, Inf	284.76, Inf	314.52, Inf	343.03, Inf	370.82, Inf	395.13, Inf	415.87, Inf
	$U\left(-\frac{1}{2},\frac{1}{2}\right)$	h	0	0	0	0	0	0	0	0	0	0
		p	0.44	0.79	0.42	0.60	0.57	0.10	0.49	0.51	0.61	0.27
		c_i	273.43, Inf	545.49, Inf	724.19, Inf	864.51, Inf	986.22, Inf	1098.22, Inf	1193.50, Inf	1283.96, Inf	1367.75, Inf	1450.62, Inf
	$U(-1,1)$	h	0	0	0	0	0	0	0	0	0	0
		p	0.85	0.54	0.57	0.36	0.10	0.07	0.69	0.95	0.81	0.94
		c_i	135.64, Inf	273.05, Inf	361.29, Inf	432.88, Inf	495.38, Inf	549.76, Inf	595.05, Inf	637.79, Inf	681.73, Inf	720.20, Inf
BSO-II	$N(0,1)$	h	0	0	0	0	0	0	0	0	0	0
		p	0.95	0.96	0.93	0.42	0.99	0.38	0.83	0.06	0.81	0.61
		c_i	71.71, Inf	143.86, Inf	191.16, Inf	230.52, Inf	259.89, Inf	291.83, Inf	315.84, Inf	344.26, Inf	362.73, Inf	385.06, Inf
	$U\left(-\frac{1}{2},\frac{1}{2}\right)$	h	0	0	0	0	0	0	0	0	0	0
		p	0.98	0.92	0.12	0.23	0.45	0.65	0.86	0.44	0.18	0.59
		c_i	249.47, Inf	502.38, Inf	670.91, Inf	800.79, Inf	911.60, Inf	1009.53, Inf	1098.54, Inf	1185.87, Inf	1266.44, Inf	1337.20, Inf
	$U(-1,1)$	h	0	0	0	0	0	0	0	0	0	0
		p	0.37	0.77	0.92	0.84	0.52	0.60	0.37	0.66	0.59	0.83
		c_i	126.53, Inf	251.47, Inf	331.78, Inf	397.34, Inf	455.24, Inf	504.80, Inf	551.07, Inf	591.02, Inf	630.94, Inf	665.97, Inf

注: Inf 表示无穷大。

在本章中，我们基于平均增益模型分析了 6 种 BSO 变体的时间复杂度。我们从干扰操作是否存在的角度出发，分析了 3 种不同突变算子的头脑风暴优化算法在线性函数上的时间复杂度；运用正态分布的可加性和德贝格 - 德维中心极限定理分别处理正态分布突变算子和均匀分布突变算子的叠加问题；还利用全期望公式来处理干扰操作中以一定概率发生个体替换的问题。在几种不同的情况下，我们得到了头脑风暴优化算法的时间复杂度的表达式，总结如表 4.3 所示。

表 4.3　6 种不同情况下 BSO 算法的时间复杂度分析

算法	$\vec{z}$	$E(T_\varepsilon\|\gamma_0)$ 的显式表达式	$T(n)$
BSO-I	$N(0,1)$	$E(T_\varepsilon\|\gamma_0) \leqslant 1 + \sqrt{2\pi n} \cdot \dfrac{a}{k} - \sqrt{\dfrac{2\pi}{n}} \cdot \dfrac{\varepsilon}{k}$	$O(\sqrt{n})$
	$U\left(-\dfrac{1}{2}, \dfrac{1}{2}\right)$	$E(T_\varepsilon\|\gamma_0) \leqslant 1 + 2\sqrt{6\pi n} \cdot \dfrac{a}{k} - \dfrac{2\sqrt{6\pi}}{\sqrt{n}} \cdot \dfrac{\varepsilon}{k}$	$O(\sqrt{n})$
	$U(-1,1)$	$E(T_\varepsilon\|\gamma_0) \leqslant 1 + \sqrt{6\pi n} \cdot \dfrac{a}{k} - \sqrt{\dfrac{6\pi}{n}} \cdot \dfrac{\varepsilon}{k}$	$O(\sqrt{n})$
BSO-II	$N(0,1)$	$E(T_\varepsilon\|\gamma_0) \leqslant 1 + \dfrac{5\sqrt{2\pi n}}{4+\sqrt{2}} \cdot \dfrac{a}{k} - \dfrac{5\sqrt{2\pi}}{4\sqrt{n}+\sqrt{2n}} \cdot \dfrac{\varepsilon}{k}$	$O(\sqrt{n})$
	$U\left(-\dfrac{1}{2}, \dfrac{1}{2}\right)$	$E(T_\varepsilon\|\gamma_0) \leqslant 1 + \dfrac{10\sqrt{6\pi n}}{4+\sqrt{2}} \cdot \dfrac{a}{k} - \dfrac{10\sqrt{6\pi}}{4\sqrt{n}+\sqrt{2n}} \cdot \dfrac{\varepsilon}{k}$	$O(\sqrt{n})$
	$U(-1,1)$	$E(T_\varepsilon\|\gamma_0) \leqslant 1 + \dfrac{5\sqrt{6\pi n}}{4+\sqrt{2}} \cdot \dfrac{a}{k} - \dfrac{5\sqrt{6\pi}}{4\sqrt{n}+\sqrt{2n}} \cdot \dfrac{\varepsilon}{k}$	$O(\sqrt{n})$

虽然这 6 种情况下头脑风暴优化算法的时间复杂度都是 $O(\sqrt{n})$，但显式表达式中的系数是不同的。从表 4.3 中可以得到平均首达时间与维度 n、斜率 k、参数 a 之间的相关性。可以看到，BSO-II 算法的平均首达时间上界均小于 BSO-I 算法的平均首达时间上界，即 BSO-II 算法在求解线性函数时的性能要优于 BSO-I 算法。头脑风暴优化算法中的干扰操作有助于减少算法的运行时间。再者，采用标准正态分布突变算子的算法的平均首达时间上界小于采用均匀分布突变算子的算法，而采用 $U\left(-\dfrac{1}{2}, \dfrac{1}{2}\right)$ 突变算子的算法的平均首达时间上界大约是采用 $U(-1,1)$ 突变算子的算法的两倍。

4.4　头脑风暴优化算法时间复杂度估算的实验方法

从 4.3 节的案例分析结果可看出，头脑风暴优化算法的时间复杂度分析是可以成功实现的，但推导与算法优化过程相关随机变量的概率密度分布函数过程较烦琐。现有进化算法的时间复杂度分析方法只适合用于分析简单的算法特例，很难用于分析实际应用中头脑风暴优化算法的时间复杂度。在本节中，我们使用采样、拟合等统计方法来处理随机变量的概率密度分布函数求解这一问题，并运用此实验估算方法对原始头脑风暴优化算法和目标空间中的头脑风暴优化（brain storm optimization algorithm in objective space，BSO-OS）算法在一些基准测试函数上的时间复杂度进行了估算。

4.4.1 实验方法的基本原理

Huang 等基于平均增益模型提出了一种估算连续型进化算法时间复杂度的实验方法，并成功估算了 ES 和 CMA-ES 等算法的时间复杂度[29]。为了符合后续曲面拟合函数的范围设定，我们将定理 4.1 中的函数 $h(\gamma_t)$ 的值域改为半开半闭区间，具体如定理 4.8 所述。

定理 4.8 [28] 假定 $\{\gamma_t\}_{t=0}^{\infty}$ 是一个与头脑风暴优化算法相关联的随机过程，对任意的 $t \geqslant 0$，有 $\gamma_t \geqslant 0$。设 $h : (0, \gamma_0] \to R^+$ 是一个单调递增的连续函数。如果当 $\gamma_0 > \varepsilon > 0$ 时，有 $E(\gamma_t - \gamma_{t+1}|\gamma_t) \geqslant h(\gamma_t)$，则对于 T_ε，有

$$E(T_\varepsilon|\gamma_0) \leqslant 1 + \int_{\varepsilon}^{\gamma_0} \frac{1}{h(x)} \mathrm{d}x \tag{4.23}$$

定理 4.8 为下文运用平均增益模型来估算算法的时间复杂度提供了理论支撑。实验估算方法是先利用统计采样实验得到 $E(\gamma_t - \gamma_{t+1}|H_t)$ 的估计值，即平均增益的估计值，然后通过曲面拟合方法找到符合条件的函数 $h(\gamma_t)$，进而运用定理 4.8 推导出算法的平均首达时间 $E(T_\varepsilon|\gamma_0)$ 的上界。

首先，我们需要获得平均增益的估计值。算法 4.4 给出了头脑风暴优化算法适应值差和平均增益的采样过程（基本未改动算法 1.1 的框架，新增步骤加粗表示）。

算法 4.4 的采样过程显示，在头脑风暴优化算法优化过程中，增益的样本将被独立收集汇总，之后记录当前种群的最小适应值差和相邻后代种群的最小适应值差，计算两者的差值以获得增益样本。与算法 4.1 中一次迭代只生成一个后代种群不同，实验估算方法将独立地产生多个子代种群，收集到一定数量的增益样本，计算出增益的均值以得到平均增益的估计值。此外，增益样本不是在算法每次迭代中都取样，而是间隔取样，因为间隔采样可以降低计算成本。如果算法每次迭代都进行取样，将产生大量的取样点，一个取样点对应一个约束，取样点过多会使曲面拟合变得非常困难。在算法 4.1 中，M 代表样本容量，即每次迭代中产生子代种群的数量。在不丧失随机性的情况下，在算法一次迭代中重复生成

算法 4.4　头脑风暴优化算法的采样过程

输入: 样本容量 M、问题规模的集合 $N = \{N_1, N_2, \cdots, N_k\}$

　1: 初始化: 随机生成 λ 个个体 (潜在解) 形成初始种群 $P = \{\eta_1, \eta_2, \cdots, \eta_\lambda\}$, 并对这个 λ 个体评估

　2: **for** n 取集合 N 中的每一个值 **do**

　3: 　**while** 未满足终止条件 **do**

　4: 　　**for** $i = 1$ 到 M **do**

　5: 　　　聚类操作: 通过聚类算法将种群的 λ 个个体聚类到 m 个簇中

　6: 　　　干扰操作: 以一定概率发生, 让随机选中的簇的中心个体被随机产生的新个体取代

　7: 　　　更新操作: 随机在一个或者两个簇中选择解去生成新的个体
比较新生成的个体和原有个体, 较好的个体被保留并记录为新个体
更新整个种群, 后代种群为 $P = \{\eta'_1, \eta'_2, \cdots, \eta'_\lambda\}$。评估这 λ 个个体

　8: 　　　**收集最小适应值差和增益样本**

　9: 　　**end for**

10: 　　**计算增益样本的均值以得到平均增益**

11: 　**end while**

12: 　记录最小适应值差和平均增益

13: **end for**

多个后代种群后, 将随机选择这多个后代种群中的一个作为下一次迭代的父种群。$N = \{N_1, N_2, \cdots, N_k\}$ 代表不同的问题规模集合。该过程的循环将持续到算法找到最优解或达到最大迭代次数为止。

曲面拟合的解析式设计为

$$f(r, n) = \frac{a \times r^b}{c \times n^d} \tag{4.24}$$

其中, f 表示平均增益; r 表示最小适应值差; n 表示问题维度; a、b、c、d 表示需要通过拟合确定的系数。此解析式能够反映平均增益与适应值差以及问题维度的关系。在本章中, 我们将使用最小二乘法来确定解析式中 a、b、c、d 的值。此外, 对于 $\forall n > 0$, 如果 $r = 0$, 那么 $h(0) = f(0, n) = 0$。这并不符合定理 2.1 中要求在区间 $[0, A]$ 内的前提条件 $h(\gamma_t) > 0$, 所以我们在本章中修改了第 2 章中平均增益模型的条件。

当问题维度 n 取特定值时, $f(r, n)$ 可被看作满足定理 4.1 条件的函数 $h(\gamma_t)$。在应用定理 4.8 时, 可将问题维度 n 看作已知的参数, 从而推导出算法平均首达时间的上界。所得结果可以反映时间复杂度与问题维度之间的关系。

4.4.2　实验方法的应用案例

为了进一步验证估算方法的有效性, 我们在本节中选择了原始 BSO 算法和 BSO-OS[119] 算法作为案例来进行分析。我们分别执行了原始 BSO 算法和

BSO-OS 算法在 9 个基准函数上的时间复杂度估算实验，得到两个算法在不同基准函数上的平均首达时间上界。

除了解决单目标优化问题外，头脑风暴优化算法还被扩展到求解多目标优化问题 [89-90]。当使用头脑风暴优化算法解决多目标优化问题时，在目标空间中使用聚类算法，除了能够获得较好的结果外，还能节省计算时间，因为目标空间的维数通常比解空间的维数小得多。在头脑风暴优化算法中，收敛运算的聚类是为了模拟问题所有者获得更好的想法，将个体聚类成簇不是目的，而是一种对解集合分组的手段。BSO-OS 算法则将算法 4.1 中的"聚类操作"改为"分类操作"，即"以前 $perc_e$% 个体作为精英个体，其余个体为普通个体"。BSO-OS 算法的流程框架如算法 4.5 所示 [119]。

算法 4.5　BSO-OS 算法

输入：初始种群
输出：找到的含最好解的种群
1:　种群初始化
2:　**while** 未满足终止条件 **do**
3:　　以前 $perc_e$% 个体为精英个体，其余个体为普通个体
4:　　干扰随机选择的个体
5:　　更新个体
6:　**end while**

（1）以前 $perc_e$% 个体为精英个体，其余个体为普通个体：原始 BSO 算法运用聚类算法将个体聚类为多个簇，而 BSO-OS 算法则将"以前 $perc_e$% 个体作为精英个体，其余个体为普通个体"，根据它们的适应值将所有个体分为两类。前 $perc_e$% 的个体被归类为"精英个体"，其余的 $(1 - perc_e)$% 个体被归类为"普通个体"。"精英个体"类似于原始 BSO 算法中簇的中心，而"普通个体"类似于原始 BSO 算法中其他非簇中心个体。

（2）干扰随机选择的个体：为了减少原始 BSO 算法由于干扰操作带来的随机性，BSO-OS 算法中选择个体的任一个维度被随机值替换，而不是像原始 BSO 算法一样被随机生成的个体所替换。为了补偿上述操作，BSO-OS 算法的干扰操作将在每次迭代中执行，而不是像原始 BSO 算法一样在每次迭代中以较小的概率执行。

（3）更新个体：由于 BSO-OS 算法中的个体只被划分为两类，BSO-OS 算法中的更新个体操作主要是先确定一个新的个体是基于精英个体还是普通个体生成，再确定是基于一个还是两个个体生成。预先设定一个概率 "p_e"，表示基于精英个体而不是普通个体来生成一个新个体的概率。预先设定一个概率 "p_{one}"，表示基于一个选定的个体而不是两个选定的个体来生成一个新个体的概率。

在本节中，我们选取了 9 个基准函数（如表 4.4 中所列）作为测试函数，其中前 4 个函数是单峰函数，后 5 个函数是多峰函数。这 9 个基准函数都是最小化问题，最优值为 0，其动态范围如表 4.4 中第 3 列所示。这 9 个基准函数在文献中经常被用来测试基于种群的算法，并且曾被用于测试 BSO 算法[66] 和 BSO-OS[119] 算法的性能。

表 4.4　本节测试的基准函数

函数	表达式	范围
sphere	$f_1 = \sum_{i=1}^{d} x_i^2$	$[-100, 100]^d$
schwefel's P221	$f_2 = \max_i \{|x_i|\}$	$[-100, 100]^d$
schwefel's P222	$f_3 = \sum_{i=1}^{d} |x_i| + \prod_{i=1}^{d} |x_i|$	$[-10, 10]^d$
quartic noise	$f_4 = \sum_{i=1}^{d} i x_i^4 + \text{random}[0,1)$	$[-1.28, 1.28]^d$
ackley	$f_5 = -20 \exp\left(-0.2\sqrt{\frac{1}{d}\sum_{i=1}^{d} x_i^2}\right) - \exp\left(\frac{1}{d}\sum_{i=1}^{d}\cos(2\pi x_i)\right) + 20 + e$	$[-32, 32]^d$
rastrigin	$f_6 = \sum_{i=1}^{d} \left[x_i^2 - 10\cos(2\pi x_i) + 10\right]$	$[-5.12, 5.12]^d$
rosenbrock	$f_7 = \sum_{i=1}^{d-1} \left[100(x_{i+1} - x_i^2)^2 + (x_i - 1)^2\right]$	$[-30, 30]^d$
schwefel's P226	$f_8 = -\sum_{i=1}^{d} \left[x_i \sin\left(\sqrt{|x_i|}\right)\right] + 418.9829d$	$[-500, 500]^d$
griewank	$f_9 = \frac{1}{4000}\sum_{i=1}^{d} x_i^2 - \prod_{i=1}^{d}\cos\left(\frac{x_i}{\sqrt{i}}\right) + 1$	$[-600, 600]^d$

在本实验中，为统一起见，两种 BSO 算法在处理同一基准函数问题时的公共参数设置相同。两个算法的具体实现参考依照文献 [66] 和文献 [119] 中的说明。实验估算的结果如表 4.5 所示。

表 4.5 展示了 BSO 算法和 BSO-OS 算法分别求解 9 个测试函数时估算的时间复杂度。其中，n 代表问题维度；γ_0 代表初始解的适应值差；ε 代表终止阈值。

表 4.5 　估计 BSO 算法和 BSO-OS 算法的时间复杂度和性能比较

适应值函数	BSO 算法		BSO-OS 算法		对比结果（winer）
	时间复杂度	正确性	时间复杂度	正确性	
f_1	$O\left(n^{3.158}\ln\left(\frac{\gamma_0}{\varepsilon}\right)\right)$	正确	$O\left(n^{1.319}\ln\left(\frac{\gamma_0}{\varepsilon}\right)\right)$	正确	BSO-OS 算法
f_2	$O\left(n^{3.639}\ln\left(\frac{\gamma_0}{\varepsilon}\right)\right)$	正确	$O\left(n^{2.047}\ln\left(\frac{\gamma_0}{\varepsilon}\right)\right)$	正确	BSO-OS 算法
f_3	$O\left(n^{3.158}\ln\left(\frac{\gamma_0}{\varepsilon}\right)\right)$	正确	$O\left(n^{1.383}\ln\left(\frac{\gamma_0}{\varepsilon}\right)\right)$	正确	BSO-OS 算法
f_4	$+\infty$	正确	$+\infty$	正确	—
f_5	$O\left(n^{3.385}\ln\left(\frac{\gamma_0}{\varepsilon}\right)\right)$	正确	$+\infty$	正确	BSO 算法
f_6	$O\left(n^{3.234}\ln\left(\frac{\gamma_0}{\varepsilon}\right)\right)$	正确	$O\left(n^{1.249}\ln\left(\frac{\gamma_0}{\varepsilon}\right)\right)$	正确	BSO-OS 算法
f_7	$O\left(n^{8.254}\ln\left(\frac{\gamma_0}{\varepsilon}\right)\right)$	正确	$O\left(n^{7.378}\ln\left(\frac{\gamma_0}{\varepsilon}\right)\right)$	正确	BSO-OS 算法
f_8	$+\infty$	正确	$+\infty$	正确	—
f_9	$O\left(n^{2.280}\ln\left(\frac{\gamma_0}{\varepsilon}\right)\right)$	正确	$O\left(n^{5.408}\ln\left(\frac{\gamma_0}{\varepsilon}\right)\right)$	正确	BSO 算法

在表 4.5 中，部分测试函数的时间复杂度结果显示为正无穷，这是因为算法在求解此测试函数时会陷入局部最优解，无法获得全局最优解的情况。此时，算法的时间复杂度为正无穷，采集到的样本点的平均增益为 0。值得注意的是，当采集到的样本点的平均增益为 0 时，存在两种不同的情况：① 该样本点的适应值差不是收集到的最小适应值差，平均增益为 0 意味着该样本点是离群点，需要移除；② 该样本点的适应值差是收集到的最小适应值差，说明算法陷入了局部最优解，无法求得满足目标求解精度的解，表 4.5 中部分时间复杂度结果显示为无穷大正是这种情况。

表 4.5 中时间复杂度估算结果的正确性判断：估算结果显示表达式中的参数被替换为数值实验具体参数值，如果数值实验的平均计算时间小于或等于估算的时间复杂度的数值，则视估算结果为正确。由表 4.5 可知，在不陷入局部最优解的情况下，BSO 算法和 BSO-OS 算法求解这 9 个基准测试函数时，数值实验得到的结果与对应估算的时间复杂度结果一致，满足正确性。

下面，我们以 f_1（sphere）函数为例，详细介绍时间复杂度估算实验方法实现的具体过程。首先，我们根据算法 4.1 对 BSO 算法和 BSO-OS 算法在求解 f_1（sphere）函数的优化过程中分别进行数据采样，以获得适应值差和平均增益的

数据。然后，我们对获得的数据进行曲面拟合。BSO 算法求解 f_1（sphere）函数的
数据拟合结果如图 4.1 所示。

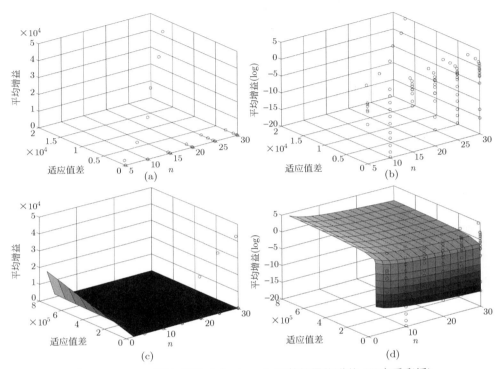

图 4.1　BSO 算法求解 f_1(sphere) 函数的平均增益 (见文后彩插)

(a) 平均增益与适应值差和问题规模；(b) 平均增益的对数与适应值差和问题规模；
(c) 对平均增益的曲面拟合；(d) 对平均增益的对数的曲面拟合

图 4.1（a）和（b）展示了 BSO 算法在求解 f_1（sphere）函数过程中样本点的
平均增益、适应值差及问题维度。从图 4.1（a）可以看出，有一些样本点在适应值
差趋近于 0 的区域重合。为了更好地展现算法样本点拟合数据的特征，图 4.1（b）
在图 4.1（a）的基础上对平均增益取了以 10 为底的对数，以便获得更直观的展示
结果。图 4.1（c）和（d）展示了根据图 4.1（a）和（b）的样本点所绘制的拟合曲面
结果。经过对平均增益数据点的曲面拟合，我们可以得到此处系数 a，b，c，d 的
值，从而得到拟合曲线 f 的表达式为

$$f(r,n) = \frac{r}{5.477 \times n^{3.158}} \tag{4.25}$$

把拟合曲线 f 中的问题维度 n 看作已知参数，则 f 可以看作符合定理 4.8 条
件的函数 $h(\gamma_t)$。可以推导出 BSO 算法求解 f_1(sphere) 函数的平均首达时间的上

界满足：

$$E\left(T_{\varepsilon}|\gamma_0\right) \leqslant 1 + 5.477 \times n^{3.158}\ln\left(\frac{\gamma_0}{\varepsilon}\right) \tag{4.26}$$

利用 BSO-OS 算法求解 f_1(sphere) 函数的平均增益如图 4.2 所示。图 4.2（a）和（b）展示了 BSO-OS 算法在求解 f_1（sphere）函数过程中样本点的平均增益、适应值差及问题维度。图 4.2（c）和（d）展示了根据图 4.2（a）和（b）的样本点绘制拟合曲面的结果。经过对平均增益数据点的曲面拟合，我们可以得到此处系数 a, b, c, d 的值，从而得到拟合曲线 f 的表达式为

$$f\left(r, n\right) = \frac{r}{5.477 \times n^{1.319}} \tag{4.27}$$

根据定理 4.8，推导出 BSO-OS 算法求解 f_1（sphere）函数的平均首达时间的上界满足

$$E\left(T_{\varepsilon}|\gamma_0\right) \leqslant 1 + 5.477 \times n^{1.319}\ln\left(\frac{\gamma_0}{\varepsilon}\right) \tag{4.28}$$

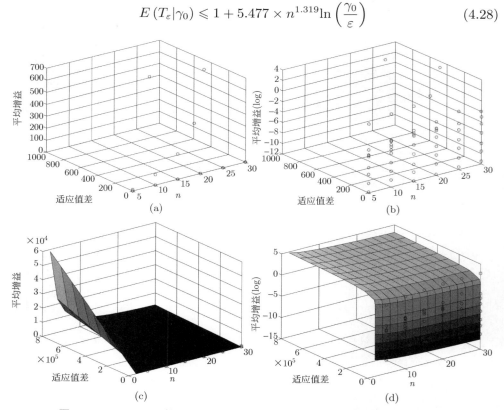

图 4.2　BSO-OS 算法求解 f_1(sphere) 函数的平均增益 (见文后彩插)

(a) 平均增益与适应值差和问题规模；(b) 平均增益的对数与适应值差和问题规模；
(c) 对平均增益的曲面拟合；(d) 对平均增益的对数的曲面拟合

根据表 4.5，原始 BSO 算法和 BSO-OS 算法在求解另外 8 个测试函数时，时间复杂度的估算过程与此一致。

头脑风暴优化算法的时间复杂度分析软件(http://www.eatimecomplexity.net)于 2021 年 6 月 15 日启用。

4.5　本章小结

本章介绍了头脑风暴优化算法的思想和基本流程，基于头脑风暴优化算法的优化过程进行建模，并结合平均增益理论和头脑风暴优化算法的特性，提出了基于平均增益模型的头脑风暴优化算法时间复杂度的理论分析方法。我们运用此方法对 6 种 BSO 变体的时间复杂度进行了理论分析，分别推导出它们的时间复杂度显式表达式。

在头脑风暴优化算法时间复杂度分析的理论基础上，我们将统计方法引入理论方法的分析框架中，通过样本采集、曲面拟合等方式估计增益的概率密度分布函数，提出了头脑风暴优化算法时间复杂度估算的实验方法。该方法并不依赖特定条件，不需要对研究的算法进行特殊构造与简化处理，可以用于分析实际应用的头脑风暴优化算法。我们选择了 BSO 算法和 BSO-OS 算法作为分析案例，对两个算法的时间复杂度进行了估算。实验结果表明，本章所提出的实验估算方法可以正确有效地估算头脑风暴优化算法的时间复杂度。

第 5 章　鸽群优化算法的理论基础

鸽群优化（pigeon-inspired optimization，PIO）算法是一种受鸽群自主归巢行为启发而产生的群体智能算法。自 2014 年该算法被首次提出以来，对该算法的改进和应用研究结果层出不穷，其有效性和优越性在很多领域特别是工程优化方面得以充分展现。然而 PIO 算法的理论基础，包括收敛性分析和参数设定准则等，依然较薄弱。本章首先对鸽群的统计平均收敛位置进行了讨论，接着深入分析鸽群的全局随机收敛特性，给出了一个确保算法全局收敛的充分条件，最后使用算法时间复杂度分析系统对鸽群优化算法求解具体优化问题的时间复杂度进行了实验估算。

5.1　鸽群优化算法简介

近 20 年来，基于种群的群体智能算法，如粒子群优化（PSO）算法[120]、蚁群优化（ACO) 算法[55]、头脑风暴优化（BSO）算法[66] 等，得到了越来越多学者的关注，已被成功应用于求解各种复杂优化问题。此外，通过模拟自然界中各种群体现象，一大批群体智能算法正在涌现。受鸽群自主归巢行为的启发，Duan 等于 2014 年提出了鸽群优化（PIO）算法[5]。生物学研究表明，鸽群利用磁场、太阳、地标这三种归巢工具能够比较容易找到它们的家。鸽群利用磁场在头脑中形成地图，并根据太阳的高度调整归巢方向。鸽群周边的地标引导它们飞向目的地。为了模拟这种自然现象，PIO 算法使用两种算子来描述归巢鸽群的群集行为，分别是地图和指南针算子以及地标算子[5]，其中地图和指南针算子代表磁场和太阳的影响，地标算子描述地标的影响[121-122]。

地图和指南针算子可实现人工鸽子在 D 维搜索空间 R^D 中随机初始化。假设鸽子的总数是 N_p $(D, N_p \in \mathbb{Z}^+)$。第 t 次迭代中第 k 个鸽子的位置和速度分别表示为 $\boldsymbol{x}_k(t) = (x_{k1}(t), x_{k2}(t), \cdots, x_{kD}(t))$ 和 $\boldsymbol{v}_k(t) = (v_{k1}(t), v_{k2}(t), \cdots, v_{kD}(t))$，其中 $k = 1, 2, \cdots, N_p,\ t = 0, 1, 2, \cdots$。

第 t 次迭代时，新的速度 $\boldsymbol{v}_k(t)$ 和位置 $\boldsymbol{x}_k(t)$ 更新如下：

$$\boldsymbol{v}_k(t) = \boldsymbol{v}_k(t-1) \cdot \mathrm{e}^{-Rt} + r \cdot (\boldsymbol{P}_g(t-1) - \boldsymbol{x}_k(t-1)) \tag{5.1}$$

$$\boldsymbol{x}_k(t) = \boldsymbol{x}_k(t-1) + \boldsymbol{v}_k(t) \tag{5.2}$$

式中，$R \in (0,1)$ 是地图和指南针系数；$r \sim U(0,1)$ 是一个均匀分布的随机变量；$\boldsymbol{P}_g(t-1)$ 代表直到第 $(t-1)$ 次迭代为止整个鸽群的最优位置，即全局最优解。

当循环次数达到事先的设定值时，地图和指南针算子停止执行，接下来地标算子开始工作。

地标算子是对人工鸽子位置的更新操作。以最大化问题为例，按鸽子的适应值 (记为 $f(\cdot)$) 大小降序排列。适应值大小排在后一半的鸽子被舍弃，因此鸽子的数量在每一次迭代后都会减少一半。令 $\boldsymbol{X}_C(t)$ 为第 t 代鸽群位置的中心，则对于第 t 次迭代的第 k 个鸽子，它们的位置更新规则如下：

$$N_p(t) = \left\lceil \frac{N_p(t-1)}{2} \right\rceil \tag{5.3}$$

$$\boldsymbol{X}_C(t) = \frac{\displaystyle\sum_{j=1}^{N_p(t)} \boldsymbol{x}_j(t) \cdot f\left(\boldsymbol{x}_j(t)\right)}{N_p(t) \displaystyle\sum_{j=1}^{N_p(t)} f\left(\boldsymbol{x}_j(t)\right)} \tag{5.4}$$

$$\boldsymbol{x}_k(t) = \boldsymbol{x}_k(t-1) + r \cdot (\boldsymbol{X}_C(t) - \boldsymbol{x}_k(t-1)), k = 1, 2, \cdots, N_p \tag{5.5}$$

式中，$N_p(t)$ 代表第 t 代鸽子的数量，$N_p(0) = N_p$。函数 $\lceil \cdot \rceil$ 表示返回不小于输入值的最小整数，经过若干次迭代后，$N_p(t) = \left\lceil \dfrac{Np}{2^t} \right\rceil$，由于 $\dfrac{Np}{2^t} \in (0,1)$，故 $N_p(t)$ 将恒为 1。于是 $\boldsymbol{X}_C(t)$ 将成为第 t 代的当前最优位置，而不是全局最优位置。$r \sim U(0,1)$ 是独立于 $\boldsymbol{x}_k(t)$ 和 $\boldsymbol{X}_C(t)$ 的均匀分布随机变量。

5.1.1 鸽群优化算法基本框架

基本 PIO 算法的算法执行步骤如算法 5.1 所示。基本 PIO 算法可被视为进化算法的一种新版本，地图和指南针算子对应经典进化算法的探索 (exploration) 阶段，而地标算子对应开发 (exploitation) 阶段。由于 $N_p(t)$ 在有限步后将收敛到 1，PIO 算法类似于连续实数空间上的精英 $(1 + N_p)$EA。

算法 5.1　基本鸽群优化 (PIO) 算法

输入：N_p：鸽群中的个体数量

　　　D：搜索空间维数

　　　R：地图和指南针系数

　　　$Nc_{1\max}$：地图和指南针算子执行的最大步数

　　　$Nc_{2\max}$：地标算子执行的最大步数

输出：P_g：全局最优位置

　　　// 初始化

1:　设定 $Nc_{1\max}$, $Nc_{2\max}$, N_p, D, R 的初始值

2:　为每只鸽子设定位置 $\boldsymbol{x}_k$ 和速度 $\boldsymbol{v}_k$, $k=1,2,\cdots,N_p$ 的初始值

　　　// 地图和指南针算子

3:　**for** $t=1$ **to** $Nc_{1\max}$ **do**

4:　　**for** $k=1$ **to** N_p **do**

5:　　　根据式 (5.1) 和式 (5.2) 计算 $\boldsymbol{v}_k(t)$、$\boldsymbol{x}_k(t)$

6:　　**end for**

7:　　评估 $\boldsymbol{x}_k(t)$, $k=1,2,\cdots,N_p$, 并更新 $P_g(t)$

8:　**end for**

　　　// 地标算子

9:　**for** $t=Nc_{1\max}+1$ **to** $Nc_{2\max}$ **do**

10:　　按适应值大小将鸽子降序排列

11:　　$N_p(t)=\operatorname{ceil}\left[\dfrac{N_p(t-1)}{2}\right]$

12:　　保留 $N_p(t)$ 个具有更高适应值的个体并舍弃其余个体

13:　　根据式 (5.4) 和式 (5.5) 计算 $\boldsymbol{X}_C(t)$ 并更新 $\boldsymbol{x}_k(t)$, $k=1,2,\cdots,N_p$

14:　　评估 $\boldsymbol{x}_k(t)$, $k=1,2,\cdots,N_p$ 并更新 $P_g(t)$

15:　**end for**

　　　// 输出

16:　输出全局最优解 $P_g(Nc_{2\max})$

不失一般性地，假定这里所分析的 PIO 算法处理的是连续搜索空间中的最大化问题。

定义 5.1 (最大化问题)　设 $S=\prod\limits_{i=1}^{D}[-a_i,a_i]\subset R^D$, $a_i>0$ 为 D 维连续搜索空间，设 $f:S\to R$ 是一个 D 维函数。对于最大化问题，目标是要找到一个全局最优解 $\boldsymbol{x}^*\in S$, 使得 $f^*\triangleq f(\boldsymbol{x}^*)=\max\limits_{\boldsymbol{x}\in S}f(\boldsymbol{x})$。

函数 $f:S\to R$ 被称为最大化问题的目标函数，不要求 f 是连续的，但必须是有界的。在本章中，只考虑无约束优化。此外，假定以下三条性质成立：

（1）S 中包含全局最优解的子集是非空的。

（2）设 $S^*(\varepsilon) = \{\boldsymbol{x} \in S | f(\boldsymbol{x}) > f^* - \varepsilon\}$ 是全局最优解 ε-邻域，$S^*(\varepsilon)$ 中的每个元素可被视为最大值点。

（3）对任意的 $\varepsilon > 0$，$S^*(\varepsilon)$ 的勒贝格测度表达为 $m(S^*(\varepsilon)) > 0$。

第一条假设描述了问题的全局最优解是存在的。第二条假设给出了连续型最大化问题的全局最优解严格定义。第三条假设说明一定存在目标函数值连续分布且任意逼近全局最优解的个体，这使得最大化问题可解。

5.1.2　鸽群优化算法理论基础的研究进展

自鸽群优化算法这种新型的群体智能算法首次被提出以来，学术界已经出现了不少对该算法的改进和应用研究结果。一系列基于测试函数的实验对比和实际优化问题求解结果表明，相对于其他仿生算法而言，PIO 算法具有更高的效率和更强的稳定性。Duan 等应用 PIO 算法求解空中机器人路径规划问题时，发现 PIO 算法在收敛速度和稳定性方面的表现优于标准差分进化（differential evolution, DE）算法[5]。为了提高无人机（unmanned aerial vehicle, UAV）供电系统的性能，Xu 等提出了一种名为 ADID-PIO 的 PIO 算法修改版，用以优化直流无电刷马达的参数设计[122]。实验对比结果显示，ADID-PIO 算法的收敛速率、效率和稳定性均优于 PIO 算法、BSO 算法和 PPBSO 算法[68]。为了解决动态环境中无人作战飞行器的三维路径规划问题，Zhang 等提出了一种名为 PPPIO 的 PIO 算法变体；仿真对比试验结果表明，PPPIO 算法比基本的 PIO 算法、PSO 算法以及 DE 算法更高效[121]。欲了解更多有关 PIO 算法的应用以及 PIO 算法与其他仿生算法的性能对比，请参看文献 [123–127]。

尽管 PIO 算法在很多领域特别是工程优化方面展示出有效性和优越性，吸引了研究者们广泛的关注，但是 PIO 算法的理论基础依然较薄弱，包括收敛性分析和参数设定准则这两方面[128]。当前，有关 PIO 算法的理论研究主要基于经验的和直观的统计结果，缺乏严格的数学论证[128]。在 PIO 算法的理论研究中，收敛性分析是具有重大意义的关键问题，它涉及鸽群动态分析中基本因素的影响以及鸽群收敛到特定位置的条件[35,129–130]。Zhang 等通过将 PIO 算法的种群状态序列视为有限马尔可夫链，对 PIO 算法进行了初步的收敛性分析[119]。据我们所知，这是目前关于 PIO 算法收敛性分析的唯一研究成果。但是，PIO 算法主要用于求解连续优化问题，也就是说 PIO 算法属于连续型仿生算法，因此文献 [121] 中的分析可被视为特例，应该被推广到连续的情形。

5.2 鸽群优化算法的随机过程模型

在收敛性分析中，我们将基本 PIO 算法表达为一个随机过程，分析中所用的记号和术语的解释如下。

定义 5.2 (鸽群状态) 定义第 t 次 $(t = 0, 1, 2, \cdots)$ 迭代中鸽群的状态为 $\boldsymbol{\eta}(t) = \left(\boldsymbol{x}_1(t), \boldsymbol{x}_2(t), \cdots, \boldsymbol{x}_{N_p}(t), \boldsymbol{P}_g(t)\right)$，其中 $\boldsymbol{x}_1(t), \boldsymbol{x}_2(t), \cdots, \boldsymbol{x}_{N_p}(t), \boldsymbol{P}_g(t) \in S$。

上述定义中，$\boldsymbol{x}_1(t), \boldsymbol{x}_2(t), \cdots, \boldsymbol{x}_{N_p}(t)$ 分别代表鸽群中每只鸽子的位置，$\boldsymbol{P}_g(t)$ 代表直到第 t 次迭代为止整个鸽群的最优位置，即当前最优解 (best-so-far solution)。它们都是 D 维连续搜索空间 S 中的向量。

定义 5.3 (鸽群状态空间) 所有可能的鸽群状态的集合称作鸽群状态空间，记为 $\Omega = S^{N_p+1} = \left\{\boldsymbol{\eta} = \left(\boldsymbol{x}_1, \boldsymbol{x}_2, \cdots, \boldsymbol{x}_{N_p}, \boldsymbol{\xi}\right) \mid \boldsymbol{x}_k \in S, k = 1, 2, \cdots, N_p; \boldsymbol{\xi} \in S\right\}$。

根据上述定义，每个鸽群的状态可用一个 $N_p + 1$ 维元组 $\left(\boldsymbol{x}_1, \boldsymbol{x}_2, \cdots, \boldsymbol{x}_{N_p}, \boldsymbol{\xi}\right)$ 表示，其中 $\boldsymbol{x}_1, \boldsymbol{x}_2, \cdots, \boldsymbol{x}_{N_p}$ 代表鸽群中每个鸽子的位置，$\boldsymbol{\xi}$ 代表整个鸽群的最优位置。所有 $\left(\boldsymbol{x}_1, \boldsymbol{x}_2, \cdots, \boldsymbol{x}_{N_p}, \boldsymbol{\xi}\right)$ 构成的集合用 S^{N_p+1} 表示，即鸽群状态空间。

定义 5.4 (鸽群的 ε-全局最优状态空间) 鸽群的 ε-全局最优状态空间被定义为 $\Omega^*(\varepsilon) = \left\{\boldsymbol{\eta} = \left(\boldsymbol{x}_1, \boldsymbol{x}_2, \cdots, \boldsymbol{x}_{N_p}, \boldsymbol{\xi}\right) \mid \exists \boldsymbol{x}_k \in S^*(\varepsilon), k = 1, 2, \cdots, N_p; \boldsymbol{\xi} \in S\right\}$。

上述定义中，只要鸽群中至少有一只鸽子的位置落入全局最优解 ε-邻域 $S^*(\varepsilon)$，即认为算法已找到全局最优解。

在 5.3.3 节中，我们将讨论鸽群序列对 $\Omega^*(\varepsilon)$ 的随机收敛性。下面，我们将用一个随机过程来刻画定义 5.2 给出的鸽群状态随时间的变化。

定义 5.5 (PIO 的离散时间随机过程) 与 PIO 算法相关联的离散时间随机过程表示为 $\left\{\boldsymbol{\eta}(t) = \left(\boldsymbol{x}_1(t), \boldsymbol{x}_2(t), \cdots, \boldsymbol{x}_{N_p}(t), \boldsymbol{P}_g(t)\right)\right\}_{t=0}^{+\infty}$，状态空间是 Ω。

5.3 鸽群优化算法的收敛性分析

首先，我们用差分方程计算每一步迭代中每个鸽子的平均位置，通过求极限得到鸽群的统计平均收敛位置。然而，对一个随机变量序列来说，即使其对应的期望序列收敛，也不能保证该随机序列收敛[131]。为了更深入地分析鸽群的全局收敛特性，我们运用鞅论探讨基本 PIO 算法的进化过程，并给出一个确保算法全局收敛的充分条件。基本 PIO 算法的随机全局收敛性分析所采用的鞅论技巧并不需要诸如马尔可夫性的额外假设，因而可扩展至群体智能算法在连续优化中的理论分析。

5.3.1　个体平均位置的收敛性分析

直观来讲，PIO 算法的收敛性分析所探讨的是迭代步数趋于无穷时算法的特性。从算法 5.1 的描述可以看出，基本 PIO 算法的算法步骤可分解为两个主要阶段：地图和指南针算子阶段、地标算子阶段。由于两个阶段的最大迭代次数是预先定义好的，因此在收敛性分析中，考虑到第一阶段的有限次迭代并不影响收敛性质，可以忽略第一阶段。在下面的研究中，收敛性分析从第二阶段即地标算子开始，不妨将 t 的取值范围重新设定为 $t = 0, 1, 2, \cdots$。

设 $x_{ki}(t)$，$X_{Ci}(t)$ 分别为随机向量 $\boldsymbol{x}_k(t)$，$\boldsymbol{X}_C(t)$ 的第 i 个元素，$i = 1, 2, \cdots, D$，$k = 1, 2, \cdots, N_p$，$t = 0, 1, 2, \cdots$。在式 (5.5) 两边取期望并移项，整理得到如下关于期望序列 $\{E(x_{ki}(t))\}_{t=1}^{+\infty}$ 的差分方程：

$$E(x_{ki}(t)) = \frac{1}{2}E(x_{ki}(t-1)) + \frac{1}{2}E(X_{Ci}(t)) \tag{5.6}$$

可将式 (5.6) 看成是一个线性非齐次一阶差分方程，它的通解为[132]：

$$E(x_{ki}(t)) = \frac{\frac{1}{2}E(X_{Ci}(t))}{1 - \frac{1}{2}} + A \cdot \left(\frac{1}{2}\right)^t = E(X_{Ci}(t)) + A \cdot \left(\frac{1}{2}\right)^t \tag{5.7}$$

其中，A 为实常数。

考察当 $t \to +\infty$ 时式 (5.7) 的极限，可得

$$\lim_{t \to +\infty} E(x_{ki}(t)) = \lim_{t \to +\infty} E(X_{Ci}(t)) \tag{5.8}$$

进一步地，我们得到整个鸽群中每个鸽子的统计平均位置的收敛结果：

$$\lim_{t \to +\infty} E(\boldsymbol{x}_k(t)) = \lim_{t \to +\infty} (E(x_{k1}(t)), E(x_{k2}(t)), \cdots, E(x_{kD}(t)))$$

$$= \left(\lim_{t \to +\infty} E(x_{k1}(t)), \lim_{t \to +\infty} E(x_{k2}(t)), \cdots, \lim_{t \to +\infty} E(x_{kD}(t))\right)$$

$$= \left(\lim_{t \to +\infty} E(X_{C1}(t)), \lim_{t \to +\infty} E(X_{C2}(t)), \cdots, \lim_{t \to +\infty} E(X_{CD}(t))\right)$$

$$= \lim_{t \to +\infty} E(\boldsymbol{X}_C(t)), k \in \{1, 2, \cdots, N_p\}$$

$$\tag{5.9}$$

注意，式 (5.3) 中的 $N_p(t)$ 在有限次迭代以后等于 1，于是根据算法 5.1 的步骤、定义 5.1 和式 (5.4)，可得

$$\boldsymbol{X}_C(t) = \arg\max\left\{f(\boldsymbol{x}_1(t)), f(\boldsymbol{x}_2(t)), \cdots, f(\boldsymbol{x}_{N_p}(t))\right\} \tag{5.10}$$

因此，$\boldsymbol{X}_C(t)$ 是整个鸽群第 t 代的当前最优位置。

基于式 (5.9) 和式 (5.10) 可推断出鸽群中每个个体的平均位置将收敛到同一个值，即 $\lim\limits_{t \to +\infty} E(\boldsymbol{X}_C(t))$，假定该极限存在。

5.3.2　鸽群优化算法的鞅分析

在 5.3.1 节中，我们只说明了当 t 趋于无穷时，每个鸽子的统计平均位置 $E(\boldsymbol{x}_k(t))$ 与当前最优解的期望 $E(\boldsymbol{X}_C(t))$ 具有相同的极限。这并不意味着收敛位置是全局或局部最优解。在 5.3.3 节中，我们将运用鞅论对定义 5.5 中随机 PIO 过程的全局收敛性进行探讨。

在概率论中，鞅是一种随机过程，给定当前和之前的量，下一个随机变量的条件数学期望等于当前值。下鞅是一种特殊的鞅，给定当前和之前的量，下一个随机变量的条件数学期望不小于当前值。下鞅的正式定义如下所示：

定义 5.6（下鞅[131]）　对于两个随机过程 $\{Y_j\}_{j=0}^{+\infty}$ 和 $\{Z_j\}_{j=0}^{+\infty}$，如果下面的条件对于 $\forall j \geqslant 0$ 成立：

（1）$E(|Y_j|) < +\infty$；

（2）$E(Y_{j+1}|Z_0, Z_1, \cdots, Z_j) \geqslant Y_j$；

（3）Y_j 是 $Z_0, Z_1, \cdots, Z_j$ 的函数；

那么，称 $\{Y_j\}_{j=0}^{+\infty}$ 为关于 $\{Z_j\}_{j=0}^{+\infty}$ 的一个下鞅。

定理 5.1 给出了下鞅收敛定理。

定理 5.1（下鞅收敛定理[131]）　假设 $\{Y_j\}_{j=0}^{+\infty}$ 是一个关于 $\{Z_j\}_{j=0}^{+\infty}$ 的下鞅，$\sup\limits_{j \geqslant 0} E(|Y_j|) < +\infty$。那么存在一个随机变量 Y_∞ 使得 $\{Y_j\}_{j=0}^{+\infty}$ 以概率 1 收敛到 Y_∞，即 $P\left(\lim\limits_{j \to +\infty} Y_j = Y_\infty\right) = 1$ 且 $E(|Y_\infty|) < +\infty$。

证明　参见文献 [131]。定理 5.1 得证。　　　　　　　　　　　　　　　□

5.3.3　鸽群优化算法全局收敛的充分条件

对任意的鸽群 $\boldsymbol{\eta}(t) = (\boldsymbol{x}_1(t), \boldsymbol{x}_2(t), \cdots, \boldsymbol{x}_{N_p}(t), \boldsymbol{P}_g(t))$，$t = 0, 1, 2, \cdots$，适应值函数表为 $F(\boldsymbol{\eta}(t))$。假定 $f(\cdot)$ 是所考察的最大化问题的目标函数，类似于文

献 [133] 所述，定义

$$F\left(\boldsymbol{\eta}\left(t\right)\right) \triangleq \max\left\{f\left(\boldsymbol{x}_1\left(t\right)\right), f\left(\boldsymbol{x}_2\left(t\right)\right), \cdots, f\left(\boldsymbol{x}_{N_p}\left(t\right)\right), f\left(\boldsymbol{P}_g\left(t\right)\right)\right\}$$

由于 $\boldsymbol{P}_g\left(t\right)$ 是整个鸽群直到第 t 次迭代为止找到的最好位置，即全局最优位置，可令 $F\left(\boldsymbol{\eta}\left(t\right)\right) = f\left(\boldsymbol{P}_g\left(t\right)\right)$，因而 $\left\{F\left(\boldsymbol{\eta}\left(t\right)\right)\right\}_{t=0}^{+\infty}$ 为单调非降序列。

引理 5.1　随机过程 $\left\{F\left(\boldsymbol{\eta}\left(t\right)\right)\right\}_{t=0}^{+\infty}$ 是关于 $\left\{\boldsymbol{\eta}\left(t\right)\right\}_{t=0}^{+\infty}$ 的下鞅。

证明　逐一验证定义 5.6 中的三个条件。

（1）如 5.1.1 节所述，$f\left(\cdot\right)$ 为搜索空间 S 上的有界函数，故对于 $\forall t = 0, 1, 2, \cdots$，$E\left(\left|F\left(\boldsymbol{\eta}\left(t\right)\right)\right|\right) = E\left(\left|f\left(\boldsymbol{P}_g\left(t\right)\right)\right|\right) < +\infty$。

（2）因 $\left\{F\left(\boldsymbol{\eta}\left(t\right)\right)\right\}_{t=0}^{+\infty}$ 是单调非降序列，可得

$$F\left(\boldsymbol{\eta}\left(t+1\right)\right) \geqslant F\left(\boldsymbol{\eta}\left(t\right)\right) \Rightarrow E\left(F\left(\boldsymbol{\eta}\left(t+1\right)\right)\left|\boldsymbol{\eta}\left(0\right), \boldsymbol{\eta}\left(1\right), \eta\left(2\right), \cdots, \boldsymbol{\eta}\left(t\right)\right.\right)$$
$$\geqslant E\left(F\left(\boldsymbol{\eta}\left(t\right)\right)\left|\boldsymbol{\eta}\left(0\right), \boldsymbol{\eta}\left(1\right), \eta\left(2\right), \cdots, \boldsymbol{\eta}\left(t\right)\right.\right) = F\left(\boldsymbol{\eta}\left(t\right)\right)$$

（3）进一步地，$F\left(\boldsymbol{\eta}\left(t\right)\right)$ 是关于 $\boldsymbol{\eta}\left(0\right), \boldsymbol{\eta}\left(1\right), \boldsymbol{\eta}\left(2\right), \cdots, \boldsymbol{\eta}\left(t\right)$ 的函数。

综上所述，引理 5.1 得证。　　　　　　　　　　　　　　　　　　□

因此，根据引理 5.1，存在一个随机变量 $F\left(\boldsymbol{\eta}\left(\infty\right)\right)$ 使得随机过程 $\left\{F\left(\boldsymbol{\eta}\left(t\right)\right)\right\}_{t=0}^{+\infty}$ 在 $t \to +\infty$ 时以概率 1 收敛到它。类似地，随机过程 $\left\{\boldsymbol{\eta}\left(t\right)\right\}_{t=0}^{+\infty}$ 以概率 1 收敛到 $\boldsymbol{\eta}\left(\infty\right)$，即 $P\left(\lim\limits_{t \to +\infty} \boldsymbol{\eta}\left(t\right) = \boldsymbol{\eta}\left(\infty\right)\right) = 1$。

定义 5.7 (基本 PIO 算法的全局收敛)　设与 PIO 算法相关联的离散时间随机过程为 $\left\{\boldsymbol{\eta}\left(t\right)\right\}_{t=0}^{+\infty}$。若 $\lim\limits_{t \to +\infty} P\left(\boldsymbol{\eta}\left(t\right) \in \Omega^*\left(\varepsilon\right)\right) = 1$ 对任意的 $0 < \varepsilon \in \mathbb{R}$ 成立，则称基本 PIO 算法全局收敛。

在接下来的分析中，我们首先给出以下引理，然后引出基本 PIO 算法确保全局收敛的一个充分条件。

引理 5.2　若 $\sum\limits_{k=0}^{\infty} a_k b_k < +\infty \left(0 \leqslant a_k, b_k \leqslant 1, k = 0, 1, 2, \cdots\right)$，则以下两种情形成立：

（1）如果 $\sum\limits_{k=0}^{\infty} a_k = +\infty$，那么 $\lim\limits_{k \to \infty} b_k = 0$；

（2）如果 $\sum\limits_{k=0}^{\infty} a_k < +\infty$，那么 $\lim\limits_{k \to \infty} b_k = \delta \in [0, 1]$ 或者极限不存在。

证明 （1）假设 $\lim\limits_{k \to \infty} b_k = \beta > 0$，则对于 $\dfrac{\beta}{2}$，$\exists K \in \mathbb{N}^+$，使得 $\forall k > K$，有

$\dfrac{\beta}{2} < b_k$. 于是，$\sum\limits_{k=0}^{\infty} a_k b_k = \sum\limits_{k=0}^{K} a_k b_k + \sum\limits_{k=K+1}^{\infty} a_k b_k > \sum\limits_{k=0}^{K} a_k b_k + \dfrac{\beta}{2} \sum\limits_{k=K+1}^{\infty} a_k = +\infty$,

这与 $\sum\limits_{k=0}^{\infty} a_k b_k < +\infty$ 矛盾，即 $\lim\limits_{k \to \infty} b_k = 0$ 成立。

（2）注意到 $a_k b_k \leqslant a_k$，$k = 0,1,2,\cdots$，于是由 $\sum\limits_{k=0}^{\infty} a_k < +\infty$ 可推出

$\sum\limits_{k=0}^{\infty} a_k b_k < +\infty$，这意味着 b_k 可取 $[0,1]$ 中的任意数。特别地，令 $b_k = \delta \in [0,1]$，

于是 $\lim\limits_{k \to \infty} b_k = \delta \in [0,1]$；令 $b_k = |\sin k|$，那么 $\lim\limits_{k \to \infty} b_k$ 不存在。

综上可知，引理 5.2 得证。   □

我们可以用引理 5.2 证明定理 5.2 的结论。

定理 5.2 令 $q_t^* = \min\limits_{\boldsymbol{y} \in \Omega \backslash \Omega^*(\varepsilon)} P(\boldsymbol{\eta}(t+1) \in \Omega^*(\varepsilon) | \boldsymbol{\eta}(t) = \boldsymbol{y})$，$t = 0,1,2,\cdots$，从而可得以下结论：

（1）若 $\sum\limits_{t=0}^{\infty} q_t^* = +\infty$，则基本 PIO 算法可确保全局收敛；

（2）若 $\sum\limits_{t=0}^{\infty} q_t^* < +\infty$，则基本 PIO 算法不能确保全局收敛。

证明 根据条件数学期望的性质，对 $t = 0,1,2,\cdots$，可得

$$E(F(\boldsymbol{\eta}(t+1))) - E(F(\boldsymbol{\eta}(t))) = E[E(F(\boldsymbol{\eta}(t+1)) | \boldsymbol{\eta}(t))] - E(F(\boldsymbol{\eta}(t)))$$

$$\text{(5.11)}$$

设 $\boldsymbol{\eta}(t)$ 的概率分布函数为 $P_t(\boldsymbol{y})$，给定 $\boldsymbol{\eta}(t) = \boldsymbol{y}$ 条件下 $\boldsymbol{\eta}(t+1)$ 的条件概率分布函数为 $P_t(\boldsymbol{z}|\boldsymbol{y})$。于是根据式 (5.11)，可得

$$E[E(F(\boldsymbol{\eta}(t+1)) | \boldsymbol{\eta}(t))] - E(F(\boldsymbol{\eta}(t)))$$

$$= \int_{\Omega} E[F(\boldsymbol{\eta}(t+1)) | \boldsymbol{\eta}(t) = \boldsymbol{y}] \mathrm{d}P_t(\boldsymbol{y}) - \int_{\Omega} F(\boldsymbol{y}) \mathrm{d}P_t(\boldsymbol{y})$$

$$= \int_{\Omega} \left[\int_{\Omega} F(\boldsymbol{z}) \mathrm{d}P_t(\boldsymbol{z}|\boldsymbol{y}) \right] \mathrm{d}P_t(\boldsymbol{y}) - \int_{\Omega} F(\boldsymbol{y}) \mathrm{d}P_t(\boldsymbol{y})$$

$$= \int_{\Omega} \left[\int_{\Omega} F(\boldsymbol{z}) \mathrm{d}P_t(\boldsymbol{z}|\boldsymbol{y}) - F(\boldsymbol{y}) \right] \mathrm{d}P_t(\boldsymbol{y})$$

$$= \int_{\Omega} \left[\int_{\Omega} (F(\boldsymbol{z}) - F(\boldsymbol{y})) \mathrm{d}P_t(\boldsymbol{z}|\boldsymbol{y}) \right] \mathrm{d}P_t(\boldsymbol{y})$$

注意到 $\int_{\Omega} F(\boldsymbol{y}) \mathrm{d}P_t(\boldsymbol{z}|\boldsymbol{y}) = F(\boldsymbol{y}) \int_{\Omega} \mathrm{d}P_t(\boldsymbol{z}|\boldsymbol{y}) = F(\boldsymbol{y})$，故上面最后一条等式成立，于是可得到

$$\int_{\Omega} \left[\int_{\Omega} (F(\boldsymbol{z}) - F(\boldsymbol{y})) \mathrm{d}P_t(\boldsymbol{z}|\boldsymbol{y}) \right] \mathrm{d}P_t(\boldsymbol{y})$$

$$\geqslant \int_{\Omega \setminus \Omega^*(\varepsilon)} \left[\int_{\Omega^*(\varepsilon)} (F(\boldsymbol{z}) - F(\boldsymbol{y})) \mathrm{d}P_t(\boldsymbol{z}|\boldsymbol{y}) \right] \mathrm{d}P_t(\boldsymbol{y})$$

令 $\alpha = \min\{F(\boldsymbol{z}) - F(\boldsymbol{y}) | \boldsymbol{z} \in \Omega^*(\varepsilon), \boldsymbol{y} \in \Omega \setminus \Omega^*(\varepsilon)\}$，由于 $F(\boldsymbol{z}) > f^* - \varepsilon, F(\boldsymbol{y}) \leqslant f^* - \varepsilon$；于是若 α 存在，可得 $\alpha > 0$，从而推出

$$\int_{\Omega \setminus \Omega^*(\varepsilon)} \left[\int_{\Omega^*(\varepsilon)} (F(\boldsymbol{z}) - F(\boldsymbol{y})) \mathrm{d}P_t(\boldsymbol{z}|\boldsymbol{y}) \right] \mathrm{d}P_t(\boldsymbol{y})$$

$$\geqslant \alpha \int_{\Omega \setminus \Omega^*(\varepsilon)} \left[\int_{\Omega^*(\varepsilon)} \mathrm{d}P_t(\boldsymbol{z}|\boldsymbol{y}) \right] \mathrm{d}P_t(\boldsymbol{y})$$

$$= \alpha \int_{\Omega \setminus \Omega^*(\varepsilon)} P(\boldsymbol{\eta}(t+1) \in \Omega^*(\varepsilon) | \boldsymbol{\eta}(t) = \boldsymbol{y}) \mathrm{d}P_t(\boldsymbol{y})$$

令 $q_t^* = \min\limits_{\boldsymbol{y} \in \Omega \setminus \Omega^*(\varepsilon)} P(\boldsymbol{\eta}(t+1) \in \Omega^*(\varepsilon) | \boldsymbol{\eta}(t) = \boldsymbol{y})$，可以得到以下结果：

$$\alpha \int_{\Omega \setminus \Omega^*(\varepsilon)} P(\boldsymbol{\eta}(t+1) \in \Omega^*(\varepsilon) | \boldsymbol{\eta}(t) = \boldsymbol{y}) \mathrm{d}P_t(\boldsymbol{y}) \geqslant \alpha q_t^* \int_{\Omega \setminus \Omega^*(\varepsilon)} \mathrm{d}P_t(\boldsymbol{y}) \tag{5.12}$$

$$= \alpha q_t^* P(\boldsymbol{\eta}(t) \notin \Omega^*(\varepsilon))$$

综合式 (5.11) 和式 (5.12)，可知

$$\sum_{t=0}^{M} [E(F(\boldsymbol{\eta}(t+1))) - E(F(\boldsymbol{\eta}(t)))] = E(F(\boldsymbol{\eta}(M+1))) - E(F(\boldsymbol{\eta}(0)))$$

$$\geqslant \alpha \sum_{t=0}^{M} [q_t^* P(\boldsymbol{\eta}(t) \notin \Omega^*(\varepsilon))] \tag{5.13}$$

因 $\{F(\boldsymbol{\eta}(t))\}_{t=0}^{+\infty}$ 是有界下鞅，令式 (5.13) 中的 $M \to +\infty$，于是可以得到

$$\sum_{t=0}^{\infty} [q_t^* P(\boldsymbol{\eta}(t) \notin \Omega^*(\varepsilon))] < +\infty \tag{5.14}$$

现在我们应用引理 5.2 讨论与基本 PIO 算法全局收敛相关的两种情况：

（1）若 $\sum\limits_{t=0}^{\infty} q_t^* = +\infty$，则 $\lim\limits_{t \to +\infty} P\left(\boldsymbol{\eta}(t) \notin \Omega^*(\varepsilon)\right) = 0$，即 $\lim\limits_{t \to +\infty} P(\boldsymbol{\eta}(t) \in \Omega^*(\varepsilon)) = 1$。

根据定理 5.1，随机过程 $\{\boldsymbol{\eta}(t)\}_{t=0}^{+\infty}$ 以概率 1 收敛到 $\boldsymbol{\eta}(\infty)$，即 $P\left(\lim\limits_{t \to +\infty} \boldsymbol{\eta}(t) = \boldsymbol{\eta}(\infty)\right) = 1$。这意味着 $\boldsymbol{\eta}(\infty)$ 几乎必然在 $\Omega^*(\varepsilon)$ 中取值，因此基本 PIO 算法是全局收敛的。

（2）若 $\sum\limits_{t=0}^{\infty} q_t^* < +\infty$，则有 $\lim\limits_{t \to +\infty} P\left(\boldsymbol{\eta}(t) \notin \Omega^*(\varepsilon)\right) = \delta \in [0,1]$ 或 $\lim\limits_{t \to +\infty} P\left(\boldsymbol{\eta}(t) \notin \Omega^*(\varepsilon)\right)$ 不存在。

与情况（1）类似，当 $\lim\limits_{t \to +\infty} P\left(\boldsymbol{\eta}(t) \notin \Omega^*(\varepsilon)\right) = 0$ 时，基本 PIO 算法具有全局收敛性。

如果 $\lim\limits_{t \to +\infty} P\left(\boldsymbol{\eta}(t) \notin \Omega^*(\varepsilon)\right) = \delta \in (0,1]$，则 $\boldsymbol{\eta}(\infty)$ 有正的概率在 $\Omega^*(\varepsilon)$ 之外取值，这意味着基本 PIO 算法不是全局收敛的。

如果 $\lim\limits_{t \to +\infty} P\left(\boldsymbol{\eta}(t) \notin \Omega^*(\varepsilon)\right)$ 不存在，则基本 PIO 算法显然不是全局收敛的。

总而言之，在情况（2）下，基本 PIO 算法不能确保全局收敛。

综上可知，定理 5.2 得证。　　　　　　　　　　　　　　　　　　　　　□

直观来看，q_t^* 表示鸽群在时刻 $t = 0, 1, 2, \cdots$ 从外部跳到 ε 全局最优区域的最小概率。它反映了鸽群趋向全局最优解的能力：q_t^* 越大，鸽群就越容易到达全局最优解。尽管每个 q_t^* 取值可能很小，但假如 q_t^* 累积起来的值足够大，那么基本 PIO 算法依然可以找到全局最优解。

5.4　鸽群优化算法时间复杂度估算的实验方法

根据 Huang 等学者基于文献 [29] 构建的算法时间复杂度分析系统，我们可以使用计算机自动地估算鸽群优化算法的时间复杂度。该系统可以通过上传问题维度、适应值差以及增益这三项数据，基于曲面拟合的方式，自动生成时间复杂度估算结果，大幅降低了时间复杂度的求解难度。在本节中，我们使用该系统对鸽群优化算法求解具体优化问题进行时间复杂度的估算。

在具体采样值中，因为鸽群优化算法的迭代分为地图和指南针算子、地标算子两个过程，所以我们需要在两个过程中都增设采样点，当迭代点到达采样点时，则重复数次本轮迭代以收集增益，采样完成后即可计算平均增益。如果采用 N 等距采样，则可以理解为当算法 5.1 的变量 t 为 N 的整数倍时进行采样。具体的采样流程将如算法 5.2 所示（其中加粗部分为采样过程中新增步骤）。

算法 5.2　基本鸽群优化算法 (PIO) 的增益采样过程

输入：样本容量 M、问题规模的集合 $N = \{N_1, N_2, \cdots, N_k\}$

输出：最小适应值差和平均增益

 1:　设定鸽群优化算法的参数初始值

 2:　**for D 取集合 N 中的每一个值 do**

 3:　　//地图和指南针算子执行时的采样，$Nc_{1\max}$ 为地图和指南针算子执行的最大步数

 4:　　for $t = 1$ to $Nc_{1\max}$ do

 5:　　　for $i = 1$ to M do

 6:　　　　//通过算法迭代公式产生个体

 7:　　　　根据式 (5.1) 和式 (5.2) 计算鸽子的位置及速度

 8:　　　　评估个体的适应值

 9:　　　　**收集最小适应值差和增益样本**

10:　　　end for

11:　　　**计算增益样本的均值以得到平均增益**

12:　　end for

13:　　//地标算子执行时的采样，$Nc_{2\max}$ 为地标算子执行的最大步数

14:　　for $t = Nc_{1\max} + 1$ to $Nc_{2\max}$ do

15:　　　for $i = 1$ to M do

16:　　　　//通过算法迭代公式产生个体

17:　　　　根据适应值保留一部分鸽子，通过式 (5.4) 和式 (5.5) 更新鸽子的位置

18:　　　　评估个体的适应值

19:　　　　**收集最小适应值差和增益样本**

20:　　　end for

21:　　　**计算增益样本的均值以得到平均增益**

22:　　end for

23:　　输出全局最优解

24:　　**记录最小适应值差和平均增益**

25:　end for

在算法 5.2 中，M 代表样本容量，即每次迭代中产生子代种群的数量。在不丧失随机性的情况下，在鸽群优化算法一次迭代中重复生成多个后代种群后，将随机选择这多个后代种群中的一个作为下一次迭代的父代种群。在一次采样过程中，M 个样本将被独立收集汇总，之后通过当前种群的最小适应值差和相邻后代种群的最小适应值差计算得到增益，一次采样结束后，M 个样本点的平均增益样本值加起来进行平均，平均后的值代表了在本次采样中适应值差所对应的平均增益。$N = \{N_1, N_2, \cdots, N_k\}$ 代表不同的问题规模集合，集合 N 中的每一个元素都将进行一轮采样过程。

　　根据算法 5.2 获得的适应值差和增益，采用曲面拟合的方式对收集得到的平均增益、适应值差及对应问题维度进行拟合。本节选取了 9 个基准函数（见表 4.4）作为测试函数，其中前 4 个函数是单峰函数，后 5 个函数是多峰函数。这 9 个基准函数都是最小化问题，最优值为零，其动态范围如表 4.4 中第三列所示。这 9 个基准函数在文献中经常被用来测试基于种群的算法。最终，我们可以获得如表 5.1 所示的时间复杂度估算，其中 X_0 为初始的适应值差，ϵ 为迭代结束的阈值，n 则为问题的维数。

表 5.1　鸽群优化算法的时间复杂度

适应值函数	时间复杂度	适应值函数	时间复杂度
f_1	$O\left(n^{0.302}\ln\left(\dfrac{X_0}{\epsilon}\right)\right)$	f_6	$O\left(n^{0.775}\ln\left(\dfrac{X_0}{\epsilon}\right)\right)$
f_2	$O\left(n^{0.831}\ln\left(\dfrac{X_0}{\epsilon}\right)\right)$	f_7	$O\left(n^{0.746}\ln\left(\dfrac{X_0}{\epsilon}\right)\right)$
f_3	$O\left(n^{1.178}\ln\left(\dfrac{X_0}{\epsilon}\right)\right)$	f_8	$O\left(n^{2.640}\ln\left(\dfrac{X_0}{\epsilon}\right)\right)$
f_4	$O\left(n^{0.497}\ln\left(\dfrac{X_0}{\epsilon}\right)\right)$	f_9	$O\left(n^{0.300}\ln\left(\dfrac{X_0}{\epsilon}\right)\right)$
f_5	$O\left(n^{1.391}\ln\left(\dfrac{X_0}{\epsilon}\right)\right)$		

　　鸽群优化算法对该 9 个测试函数的曲线拟合效果如图 5.1～图 5.9 所示。同样地，我们以 f_1（sphere）函数为例，详细介绍时间复杂度估算实验方法实现的具体过程。首先，根据算法 5.2 对 PIO 算法在求解 f_1(sphere) 函数的优化过程中分别进行数据采样，以获得适应值差和平均增益的数据。然后，对获得的数据进行曲面拟合。PIO 算法求解 f_1(sphere) 函数的数据拟合结果如图 5.1 所示。图 5.1（a）和（b）展示了 PIO 算法在求解 f_1(sphere) 函数过程中样本点的平均增益、适应值差及问题维度。为了更好地展现算法样本点拟合数据的特征，图 5.1（b）在图（a）的基础上对平均增益取了以 10 为底的对数，以便获得更直观的展示结果。图 5.1（c）和（d）展示了根据图 5.1（a）和（b）的样本点所绘制的拟合曲面结果。经过对平均增益数据点的曲面拟合，我们可以得到拟合曲线 f 的表达式为

$$f(r,n) = \frac{r}{12.829 \times n^{0.302}} \tag{5.15}$$

其中，f 表示平均增益；r 表示最小适应值差；n 表示问题维度。此解析式反映了平均增益与适应值差以及问题维度的关系。把拟合曲线 f 中的问题维度 n 看作已

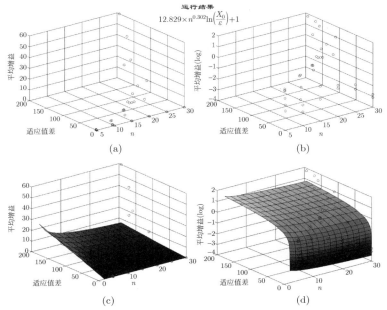

图 5.1　鸽群优化算法求解 f_1(sphere) 函数的平均增益 (见文后彩插)

(a) 平均增益与适应值差和问题规模；(b) 平均增益的对数与适应值差和问题规模；
(c) 对平均增益的曲面拟合；(d) 对平均增益的对数的曲面拟合

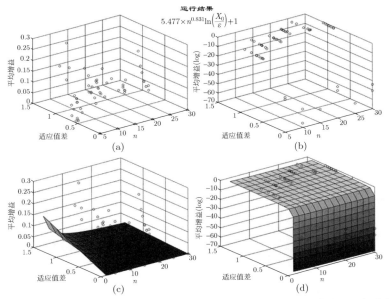

图 5.2　鸽群优化算法求解 f_2(schwefel's P221) 函数的平均增益 (见文后彩插)

(a) 平均增益与适应值差和问题规模；(b) 平均增益的对数与适应值差和问题规模；
(c) 对平均增益的曲面拟合；(d) 对平均增益的对数的曲面拟合

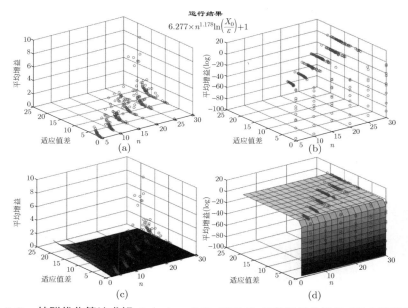

图 5.3　鸽群优化算法求解 f_3(schwefel's P222) 函数的平均增益 (见文后彩插)
(a) 平均增益与适应值差和问题规模；(b) 平均增益的对数与适应值差和问题规模；
(c) 对平均增益的曲面拟合；(d) 对平均增益的对数的曲面拟合

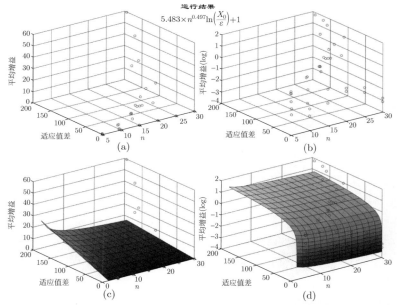

图 5.4　鸽群优化算法求解 f_4(quartic noise) 函数的平均增益 (见文后彩插)
(a) 平均增益与适应值差和问题规模；(b) 平均增益的对数与适应值差和问题规模；
(c) 对平均增益的曲面拟合；(d) 对平均增益的对数的曲面拟合

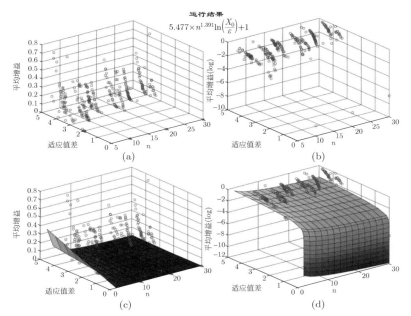

图 5.5 鸽群优化算法求解 $f_5(\text{ackley})$ 函数的平均增益 (见文后彩插)

(a) 平均增益与适应值差和问题规模；(b) 平均增益的对数与适应值差和问题规模；
(c) 对平均增益的曲面拟合；(d) 对平均增益的对数的曲面拟合

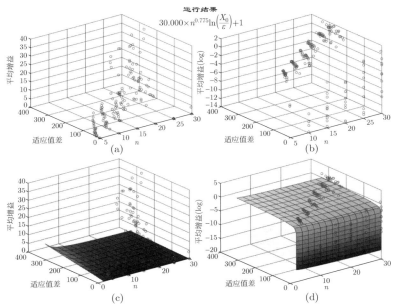

图 5.6 鸽群优化算法求解 $f_6(\text{rastrigin})$ 函数的平均增益 (见文后彩插)

(a) 平均增益与适应值差和问题规模；(b) 平均增益的对数与适应值差和问题规模；
(c) 对平均增益的曲面拟合；(d) 对平均增益的对数的曲面拟合

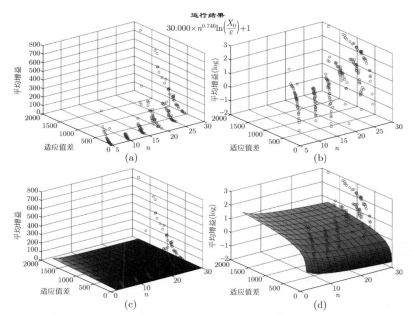

图 5.7   鸽群优化算法求解 f_7(rosenbrock) 函数的平均增益 (见文后彩插)

(a) 平均增益与适应值差和问题规模；(b) 平均增益的对数与适应值差和问题规模；

(c) 对平均增益的曲面拟合；(d) 对平均增益的对数的曲面拟合

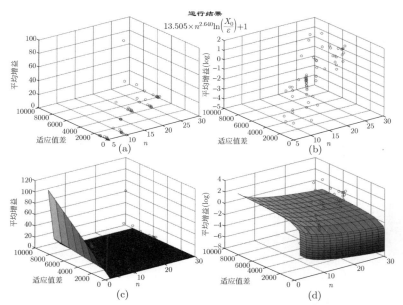

图 5.8   鸽群优化算法求解 f_8(schwefel's P226) 函数的平均增益 (见文后彩插)

(a) 平均增益与适应值差和问题规模；(b) 平均增益的对数与适应值差和问题规模；

(c) 对平均增益的曲面拟合；(d) 对平均增益的对数的曲面拟合

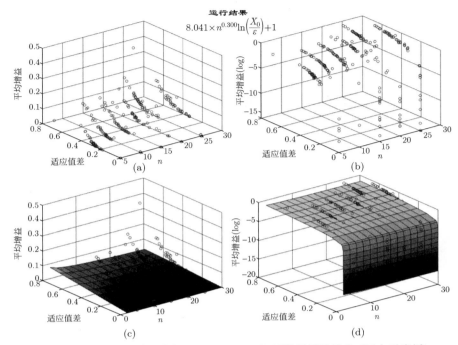

图 5.9　鸽群优化算法求解 f_9(griewank) 函数的平均增益 (见文后彩插)

(a) 平均增益与适应值差和问题规模；(b) 平均增益的对数与适应值差和问题规模；
(c) 对平均增益的曲面拟合；(d) 对平均增益的对数的曲面拟合

知参数，则 f 可以看作符合定理 2.6 条件的函数 $h\left(X_0\right)$。根据定理 2.6，可以推导出 PIO 算法求解 f_1(sphere) 函数的平均首达时间的上界满足

$$E\left(T_\varepsilon | X_0\right) \leqslant 1 + 12.829 \times n^{0.302}\ln\left(\frac{X_0}{\varepsilon}\right) \tag{5.16}$$

根据表 5.1，PIO 算法在求解另外 8 个测试函数时，时间复杂度的估算过程与此一致。

5.5　本章小结

本章从两方面研究了基本 PIO 算法的收敛性质，并且对该算法求解若干具体问题实例的时间复杂度进行了实验估算。首先，运用差分方程分析了每个鸽子的平均位置的收敛性，并证明了鸽群中的每个个体的平均位置将收敛到同一个值。然而，这并不意味着收敛位置是一个全局甚或局部最优解。然后，为了进一步研究鸽群的全局收敛特性，引入鞅论并探讨 PIO 算法的群体序列，证明基本 PIO 算

法的全局收敛性取决于 $\sum\limits_{t=0}^{\infty} q_t^*$。当 $\sum\limits_{t=0}^{\infty} q_t^* = +\infty$ 时，基本 PIO 算法可确保全局收

敛；当 $\sum\limits_{t=0}^{\infty} q_t^* < +\infty$ 时，则不能保证全局收敛。由 5.3.3 节给出的理论分析可知，采用鞅论技巧并不需要诸如马尔可夫性的额外假设，且适用于连续优化中的仿生算法理论分析。最后，使用算法时间复杂度分析系统估算了鸽群优化算法在 9 个基准测试函数上的时间复杂度，为该算法的实际应用提供了理论支撑和指导。

第 6 章　烟花算法的理论基础

燃放烟花爆竹是中国传统节日尤其是除夕的一项重要庆祝活动。在除夕这天，成千上万的烟花爆竹在夜空中爆炸并绽放美丽的图案。受烟花在夜空中爆炸产生火花并照亮周围区域这一现象的启发，Tan 等在 2010 年提出了烟花算法（fireworks algorithm，FWA）[134]。

6.1　烟花算法简介

在烟花算法中，烟花被看作最优化问题解空间中的一个可行解，烟花爆炸产生一定数量火花的过程即为其搜索邻域的过程。FWA 是一种新的基于群体智能[135]（swarm intelligence，SI）的优化算法。该算法通过爆炸算子和高斯变异算子产生爆炸火花和高斯变异火花，在问题空间中搜索全局最优解。FWA 已被应用于优化各种实际问题，如方程组求解[136]、参数优化[137]、油料作物的施肥问题[138]、群体机器人多目标搜索[139]、电力系统重构问题[140] 等领域，并取得了不少研究成果。与其他的群体智能算法相比，FWA 在解决优化问题时具有机理简单和寻优能力强等独特优势。图 6.1 为真实烟花爆炸和优化问题搜索最优解的过程对比图。

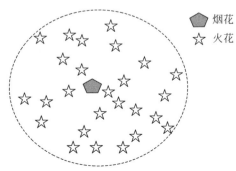

图 6.1　真实烟花爆炸和优化问题搜索最优解的过程对比

FWA 是一种新发展起来的进化算法。与其他进化算法一样，它也旨在寻找搜索空间中适应性最好（通常是最小）的向量。受真实烟花燃放的启发，FWA 的主要思想是利用烟花的爆炸来搜索优化函数的可行空间，这是一种与其他群体智能算法不同的搜索方式。它的初始化步骤为：在搜索空间中随机选择一些烟花来评估它们的适应值。迭代方面包含两个步骤：新个体生成和选择。在新个体生成中，每一个烟花都以爆炸的方式在一定的幅度内产生一定数量的爆炸火花，并沿着朝向原点的方向产生一定数量的高斯火花。爆炸火花在高维球体内随机产生，以烟花为中心，以振幅为半径。烟花的爆炸幅度和爆炸火花的数量是根据烟花之间的适应值来计算的。产生的所有火花和烟花都是通过它们的适应值和多样性来选择的。通过迭代，FWA 获得越来越好的健康个体。FWA 框架如算法 6.1 所示。

算法 6.1　FWA 框架

 1:　选择 N 个位置进行初始火花
 2:　**while** 终止条件不满足 **do**
 3:　　在 N 个位置燃放烟花
 4:　　计算烟花的火花数为 S_i
 5:　　计算烟花的爆炸幅度为 A_i
 6:　　**for** $k = 1 \rightarrow m$ **do**　　//m 是高斯突变产生的火花数。
 7:　　　随机选择一个烟花 x_i 并产生火花
 8:　　**end for**
 9:　　根据选择策略选择最佳火花和其他火花
10:　**end while**

由算法 6.1 可知[134,141]，火花和烟花是一个优化问题的潜在解决方案。我们可以在算法 6.1 中看到 FWA 的随机过程模拟。对于极小化问题，根据 FWA 的思想，一个好的烟花代表一个具有更好适应值的位置，这意味着烟花可能接近最优或局部极小点。因此，好的烟花拥有较小的爆炸振幅并产生更多火花。相比之下，不好的烟花拥有较大的爆炸幅度并产生较少的火花。每个烟花爆炸前都需要计算爆炸火花的数量和爆炸的幅度，每个火花的计算公式如下：

$$S_i = m \frac{y_{\max} - f(x_i) + \tau}{\sum_{i=1}^{n} (y_{\max} - f(x_i)) + \tau} \tag{6.1}$$

$$m_i = \begin{cases} \lfloor a \cdot m \rfloor, & S_i < a \cdot m \\ \lfloor b \cdot m \rfloor, & S_i > b \cdot m \\ \lfloor S_i \rfloor, & \text{其他} \end{cases} \tag{6.2}$$

其中，m_i 是第一次烟花爆炸产生的火花数；m 是第 n 代烟花产生的火花总数。$y_{\max}$ 是第 n 代烟花中目标函数的最大值；τ 是一个小常数，用于避免零除误差；常数 a 和 b 是常数参数；$\lfloor \cdot \rfloor$ 为向下取整函数。根据以上描述，我们接下来需要计算出爆炸振幅。爆炸振幅的计算公式如下：

$$A_i = \widetilde{A} \cdot \frac{f(x_i) - y_{\min} + \tau}{\sum\limits_{i=1}^{n}(f(x_i) - y_{\min}) + \tau} \tag{6.3}$$

其中，$\widetilde{A}$ 表示最大爆炸幅度；$y_{\min}$ 表示第 n 代烟花中目标函数的最小值；A_i 表示第 i 代烟花的爆炸区。

在 FWA 中，每次迭代都为下一代烟花选择第 n 代位置。需要选择最好的烟花或火花作为下一代烟花的第一个位置，下一代烟花的其他位置则通过式 (6.4) 和式 (6.5) 计算来获得：

$$R(x_i) = \sum_{j \in K} d(x_i, x_j) = \sum_{j \in K} \|x_i - x_j\| \tag{6.4}$$

$$p(x_k) = \frac{R(x_i)}{\sum\limits_{j \in K} R(x_j)} \tag{6.5}$$

其中，x_i 是第 i 代火花或烟火的位置；$d(x_i, x_j)$ 是两个火花或烟火之间的距离；K 是当代产生的火花和烟火的集合；$p(x_k)$ 是第 k 代烟花或火花被选为下一代烟花的概率。

6.2 烟花算法的随机过程模型

假设 FWA 对基本的确界进行了搜索，如式 (6.6) 所示：

$$\psi = \inf\{t \mid v[A] > 0\}, \quad A = \{n \in S \mid f(z) < t\} \tag{6.6}$$

其中，$v[A]$ 是集合 A 上的勒贝格度量。式 (6.6) 意味着必须有超过一个点在搜索空间的函数值任意接近 ψ，ψ 是函数的下确界值非零勒贝格可测集，定义 6.1 表示了 FWA 的随机过程模型。

定义 6.1 (FWA 的随机过程模型) 令 $\{\xi_t\}_{i=0}^{\infty}$ 为 FWA 的随机过程，其中 $\xi_t = \{F_t, T_t\}$，$F_t = \{F_{t,1}, F_{t,2}, \cdots, F_{t,n}\}$ 为步骤中烟花在问题空间中的位置，那么 $T_t = \{A_t, S_t\}$，$A_t = \{A_{t,1}, A_{t,2}, \cdots, A_{t,n}\}$ 为 n 支烟花的爆炸幅值，$S_t = \{s_{t,1}, s_{t,2}, \cdots, s_{t,n}\}$ 为 n 支烟花的爆炸火花数。

定义 6.1 给出了 FWA 的随机过程模型的描述。基于定义 6.1，我们给出了最优区域的定义。

定义 6.2 (算法最优区域) $R_\varepsilon = \{x \in S \mid f(x) - f(x^*) < \varepsilon, \varepsilon > 0\}$ 被称为函数 $f(x)$ 的最优区域，其中 x^* 表示函数 $f(x)$ 在问题空间中的最优解。

在定义 6.2 中，如果算法在最优区域内找到一个点，则意味着该算法求得了一个可接受的较优解。根据上述的极限定义，ψ 及最优解空间的勒贝格测度必须不为零，即 $v(R_\varepsilon) > 0$。为了寻找最优区域，我们还需要找到其最优状态。为此，我们有以下定义：

定义 6.3 (最优状态)   定义 FWA 的最优状态为 $\xi_t^* = \{F_t^*, T_t^*\}$，其中存在 $F_{t,i} \in R_\varepsilon$ 和 $F_{t,i} \in F_t^*, i \in 1, 2, \cdots, n$。

定义 6.3 表示 FWA 最优状态 ξ_t^* 下的最佳烟花在最优区域 R_ε，所以这里存在 $F_{t,i} \in R$ 和 $|f(F_{t,i}) - f(x^*)| < \varepsilon, x^* \in R_\varepsilon$。我们在定义 6.1 中已经给出了 FWA 的随机过程的描述，除此之外，我们还有如下引理：

引理 6.1   FWA 的随机过程是一个马尔可夫过程。

证明 $\{\xi_t\}_{t=0}^\infty$ 是离散时间的随机过程。

因为状态 $\xi_t = \{F_t, T_t\}$ 是由 $\{F_{t-1}, T_{t-1}\}$ 决定的，所以概率 $P\{\xi_{t+1} \mid \xi_1, \xi_2, \cdots, \xi_t\} = P\{\xi_{t+1} \mid \xi_t\}$，这意味着第 $t+1$ 个状态发生的概率与第 t 个状态发生的概率相关。因此，$\{\xi_t\}_{t=0}^\infty$ 为马尔可夫随机过程。引理 6.1 得证。   □

根据定义 6.2 与定义 6.3，FWA 最优状态 ξ_t^* 下的最佳烟花在最优区域 R_ε，那么，定义 6.4 表示了最优状态所在的最优状态空间。

定义 6.4 (最优状态空间)   给定 Y 表示为 FWA 状态和状态 ξ_t 和状态 $Y^* \subset Y$ 的状态空间，如果存在一个解 $s^* \in F^*$ 使 $s^* \in R_\varepsilon$ 对于任意状态 $\xi_t^* \in \{F^*, T\} \in Y$ 成立，则称 Y^* 为最优状态空间。

根据定义 6.4，对任意 $x^* \in F^*$，有 $|f(s^*) - f(x^*)| < \varepsilon$。如果 FWA 的状态可以到达最优状态，则存在一个烟花，烟花在最优区域 R_ε 内，烟花算法得到了问题的最优解。此时，最优解一定在最优区域内。

由引理 6.1 已知，FWA 的随机过程是一个马尔可夫随机过程。那么，在满足一定条件的情况下，结合定义 3.4，我们可以得到关于 FWA 的随机过程与吸收态马尔可夫过程之间的联系，故可得出以下的引理 6.2。

引理 6.2　FWA 的随机过程 $\{\xi_t\}_{t=0}^{\infty}$ 是一个吸收态马尔可夫随机过程。

证明　根据引理 6.1，FWA 的随机过程 $\{\xi_t\}_{t=0}^{\infty}$ 是一个马尔可夫随机过程。如果 $F_{t,1} \in F_t$ 仍处于最优解空间 R_ε，则状态 $\xi_t = \{F_t, T_t\}$ 必然属于最优状态空间 Y^*。由于 $F_{t,1}$ 是 FWA 所有烟花的最佳位置，因此在 FWA 生成下一代烟花时，$f(F_{t+1,1}) \geqslant f(F_{t,1})$。因此，状态 ξ_{t+1} 一定属于最优状态空间 Y^*，$P\{\xi_{t+1} \notin Y^* \mid \xi(t) \in Y^*\} = 0$，FWA 的随机过程 $\{\xi_t\}_{t=0}^{\infty}$ 是一个吸收态马尔可夫过程。引理 6.2 得证。　　　　　　　　$\square$

6.3　烟花算法的全局收敛性分析

在本节中，我们基于最优状态空间的概念（定义 6.4）和吸收态马尔可夫过程（定义 3.4）给出收敛的定义，并以此来分析 FWA 的收敛性。

定义 6.5 (马尔可夫过程的收敛性)　给定一个吸收态马尔可夫过程 $\{\xi_t\}_{t=0}^{\infty} = \{F_t, T_t\}$ 和一个最优状态空间 $Y^* \subset Y$，$\lambda_t = P\{\xi_t \in Y^*\}$，当 $\lim\limits_{n \to \infty} \lambda_t = 1$ 且 $\{\xi_t\}_{t=0}^{\infty}$ 收敛时，随机状态到达最优状态的概率。

由定义 6.5 可得，马尔可夫随机过程的收敛性取决于 $P\{\xi_t \in Y^*\}$ 的概率，如果时间 t 趋近 1，则马尔可夫过程 $\{\xi_t\}_{t=0}^{\infty}$ 将收敛。

定理 6.1　给定 FWA 的吸收态马尔可夫过程 $\{\xi_t\}_{t=0}^{\infty}$ 和最优状态空间 $Y^* \subset Y$，如果 $P\{\xi_t \in Y^* \mid \xi_{t-1} \notin Y^*\} \geqslant d \geqslant 0$ 对于任意 t 和 $P\{\xi_t \in Y^* \mid \xi_{t-1} \in Y^*\} = 1$ 成立，则 $P\{\xi_t \in Y^*\} \geqslant 1 - (1-d)^t$。

证明　令 $t = 1$，有

$P\{\xi_1 \in Y^*\} = P\{\xi_1 \in Y^* \mid \xi_0 \in Y^*\} \cdot P\{\xi_0 \in Y^*\} + P\{\xi_1 \in Y^* \mid \xi_0 \notin Y^*\} \cdot P\{\xi_0 \notin Y^*\} \geqslant P\{\xi_0 \in Y^*\} + d \cdot P\{\xi_0 \notin Y^*\} = P\{\xi_0 \in Y^*\} + d \cdot (1 - P\{\xi_0 \notin Y^*\}) = d + (1-d) \cdot P\{\xi_0 \in Y^*\}$

因为 $(1-d) \geqslant 0$，因此 $d + (1-d) \cdot P\{\xi_0 \in Y^*\} \geqslant d$，则 $P\{\xi_1 \in Y^*\} \geqslant d = 1 - (1-d)^1$。

假设 $P\{\xi(t) \in Y^*\} \geqslant 1 - (1-d)^t$ 对任意 $t \geqslant 1$ 都成立，对于 $t = k$，有

$P\{\xi(k) \in Y^*\} = P\{\xi(k) \in Y^* \mid \xi(k-1) \in Y^*\} \cdot P\{\xi(k-1) \notin Y^*\} = P\{\xi(k-1) \in Y^*\} + P\{\xi(k) \in Y^* \mid \xi(k-1) \notin Y^*\} \cdot P\{\xi(k-1) \notin Y^*\} \geqslant d + (1-d) \cdot (1 - (1-d)^{k-1}) = 1 - (1-d)^k$

因此，$P\{\xi(k) \in Y^*\} \geqslant 1 - (1 - d)^t$ 对任意 $t \geqslant 1$ 都成立。定理 6.1 得证。□

根据算法 6.1，FWA 具有突变操作，使得每个烟花生成高斯突变的火花。为简单起见，假设操作是随机突变。根据定理 6.1 可得以下定理 6.2。

定理 6.2 假设 FWA 为吸收态马尔可夫过程 $\{\xi_t\}_{t=0}^{\infty}$ 和最优状态空间 $Y^* \subset Y$，则 $\lim\limits_{t \to \infty} \lambda_t = 1$，即收敛到最优状态 Y^*。

证明 在算法 6.1 中，每个烟花生成高斯突变的火花，FWA 可以提供突变算子，因此，FWA 的烟花通过突变算子从非最优区域到达最优区域 R_ε 的概率可被记为 $P_{\mathrm{mu}}(t)$，其表达式如下：

$$P_{\mathrm{mu}} = \frac{v(R_\varepsilon) \cdot n}{v(S)}$$

其中，$v(S)$ 是问题空间 S 的勒贝格测量值，n 是烟花的数量。

因为 $v(R_\varepsilon) > 0$，所以 $P_{\mathrm{mu}} > 0$。根据 FWA 的随机马尔可夫过程 $\{\xi_t\}_{t=0}^{\infty}$，有

$$\lambda_t = P\{\xi_t \in Y^* \mid \xi_{t-1} \notin Y^*\} = P_{\mathrm{mu}}(t) + P_{\mathrm{ex}}(t) \tag{6.7}$$

其中，$P_{\mathrm{ex}}(t)$ 为 FWA 中烟花爆炸到达最优区域 R_ε 的概率。因此，$P\{\xi_t \in Y^* \mid \xi_{t-1} \in Y^*\} \geqslant P(\mathrm{mu}) > 0$。

综上所述，FWA 的马尔可夫过程 $\{\xi_t\}_{t=0}^{\infty}$ 是一个吸收态马尔可夫过程，同时满足定理 6.1 的条件，可以得到以下方程：

$$P\{\xi(t) \in Y^*\} = 1 - (1 - P_{\mathrm{mu}}(t))^t$$

因此，$\lim\limits_{t \to \infty} P\{\xi_t \in Y^*\} = 1$。由此可得，FWA 的马尔可夫过程 $\{\xi_t\}_{t=0}^{\infty}$ 将收敛到最优状态。定理 6.2 得证。□

6.4 烟花算法的时间复杂度分析

本节主要介绍 FWA 的时间复杂性分析，分析的内容参考了文献 [142] 和文献 [61]。类似于蚁群优化算法的时间复杂度分析，本节将从期望收敛时间入手对 FWA 的时间复杂度进行分析。其中，6.4.1 节将给出 FWA 的期望收敛时间和期望首达时间定义；6.4.2 节将分析 FWA 的期望收敛时间。

6.4.1 烟花算法的期望首达时间

类似于对蚁群优化算法的期望收敛时间的定义（定义 3.5），可对 FWA 的期望收敛时间定义如下。

定义 6.6 (FWA 的期望收敛时间) 　给定 FWA 吸收态马尔可夫过程 $\{\xi_t\}_{t=0}^{\infty}$ 和最优状态空间 $Y^* \subset Y$，若存在非负值 γ，当 $t \geqslant \gamma$ 时，有 $P\{\xi(t+1) \in Y^*\} = 1$；当 $0 \leqslant t \leqslant \gamma$ 时，有 $P\{\xi(t+1) \notin Y\} < 1$，则称 γ 为 FWA 的收敛时间，称期望值 E_γ 为 FWA 的期望收敛时间。

FWA 的期望收敛时间描述了第一次以 1 的概率到达全局最优解的期望时间。期望值 E_γ 越小，FWA 的收敛速度越快，FWA 越有效。此外，与蚁群优化算法相似，FWA 的期望首达时间（expected first hitting time，EFHT）也可以作为收敛时间的指标，期望首达时间的定义如下[114]：

定义 6.7 (FWA 的期望首达时间) 　给定 FWA 吸收态马尔可夫过程 $\{\xi_t\}_{t=0}^{\infty}$ 和最优状态空间 $Y^* \subset Y$，μ 是一个随机变量，如果 $t = \mu$，则 $\xi_t \notin Y^*$；如果 $0 \leqslant t \leqslant \mu$，则 $\xi_t \notin Y^*$，期望值 E_μ 则称为期望首达时间。

定理 6.3 给出了 FWA 的期望首达时间计算方法，证明过程可参考定理 3.4。

定理 6.3 　给定 FWA 对应的吸收态马尔可夫过程 $\{\xi_t\}_{t=0}^{\infty}$ 和最优状态空间 $Y^* \subset Y$，如果 $\lambda_t = P\{\xi_t \in Y^*\}$ 和 $\lim_{t \to \infty} \lambda_t = 1$，则期望收敛时间为 $E_\gamma = \sum_{t=0}^{\infty}(1-\lambda_t)$。

由于期望收敛时间 λ_t 很难通过计算得到，因此，定理 6.1 结论中的 E_γ 难以直接计算得到。因此，我们还需要借助以下引理 6.3、定理 6.4～定理 6.5 与推论 6.1 进行估算。对它们的证明可参考文献 [61]。

引理 6.3 　给定两个随机非负变量 μ 和 ν，$D_u(\cdot)$ 和 $D_v(\cdot)$ 分别表示 μ 和 ν 的分布函数。如果对 $t = 0, 1, 2, \cdots$，有 $D_u(\cdot) \geqslant D_v(\cdot)$，则 μ 和 ν 的期望值 $E_\mu < E_v$ 成立。

定理 6.4 　给定 FWA 对应的吸收态马尔可夫过程 $\{\xi_t\}_{t=0}^{\infty}$ 和最优状态空间 $Y^* \subset Y$，如果 $P\{\xi(t) \in Y^*\}$ 使得 $0 \leqslant D_l(t) \leqslant \lambda_t \leqslant D_h(t) \leqslant 1 (\forall t = 0, 1, 2, \cdots)$ 且 $\lim_{t \to \infty} \lambda_t = 1$，则 $\sum_{i=1}^{\infty}(1 - D_i(t)) \leqslant E_\gamma \leqslant \sum_{i=1}^{\infty}(1 - D_i(t))$。

定理 6.5 　给定 FWA 对应的吸收态马尔可夫过程 $\{\xi_t\}_{t=0}^{\infty}$ 和最优状态空间 $Y^* \subset Y$，如果 $\lambda_t = P\{\xi_t \in Y^*\}$ 且 $0 \leqslant a_t \leqslant \lambda_t \leqslant b_t$，则 $\sum_{i=1}^{\infty}\left[(1-\lambda_0)\prod_{i=0}^{\infty}(1-a_t)\right] \leqslant E_\gamma \leqslant \sum_{t=0}^{\infty}\left[(1-\lambda_0)\prod_{i=1}^{\infty}(1-a_t)\right].$

推论 6.1 给定 FWA 对应的吸收态马尔可夫过程 $\{\xi_t\}_{t=0}^{\infty}$ 和最优状态空间 $Y^* \subset Y$，且 $\lambda_t = P\{\xi_t \in Y^*\}$。如果 $a \leqslant P\{\xi_{t+1} \in Y^* \mid \xi_{t+1} \notin Y^*\} \leqslant b(a, b > 0)$ 且 $\lim\limits_{t \to \infty} \lambda_t = 1$，则 FWA 的期望收敛时间 E_γ 为 $b^{-1}[1 - \lambda_0] \leqslant E_\gamma \leqslant a^{-1}[1 - \lambda_0]$。

上述推论和定理表明，公式 $P\{\xi_t \in Y^* \mid \xi_{t-1} \notin Y^*\}$ 可以描述从非最优状态到达最优状态的概率。E_λ 的取值范围可以由 $P\{\xi_t \in Y^* \mid \xi_{t-1} \notin Y^*\}$ 的取值范围来估计。

6.4.2 烟花算法的时间复杂度分析方法

我们利用 FWA 的时间复杂度来定义预期收敛时间。根据前面的推论 6.1，预期收敛时间主要与 FWA 状态从非最优区域到达最优区域的概率有关，即公式 $P\{\xi(t+1) \in Y^* \mid \xi(t-1) \notin Y^*\}$。

在本节中，我们将进一步运用推论 6.1 分析得到 FWA 的时间复杂度。FWA 包括爆炸、突变和选择三种操作，直接使 FWA 的马尔可夫状态到达最优区域的操作是爆炸和突变，因此，我们给出了 FWA 吸收状态马尔可夫过程和最优状态空间的定理。

定理 6.6 假设 FWA 为吸收态马尔可夫过程 $\{\xi_t\}_{t=0}^{\infty}$ 和最优状态空间 $Y^* \subset Y$，则 FWA 满足：

$$\frac{v(R_\varepsilon) \times n}{v(S)} \leqslant P\{\xi_{t+1} \in Y^* \mid \xi_t \notin Y^*\} \leqslant v(R_\varepsilon)\left(\frac{n}{v(S)} + \sum_{i=1}^{\infty} \frac{m_i}{v(A_i)}\right) \quad (6.8)$$

其中，$v(R_\varepsilon)$ 为最优区域的勒贝格测度值；$v(S)$ 为问题搜索区域 S 的勒贝格总值；$v(A_i)$ 为第 i 次烟花爆炸区域 A_i 的勒贝格测度值。

证明 在 FWA 步骤中，产生火花主要是两种操作——爆炸和突变。因此，可以直接计算得到以下方程：

$$P(\xi_{t+1} \in Y^* \mid \xi_t \notin Y^*) = P_{\mathrm{mu}} + P_{\mathrm{ex}} \quad (6.9)$$

其中，P_{mu} 表示 FWA 的烟花通过变异算子从非最优区域到达最优区域 R_ε 的概率；P_{ex} 是 n 个烟花的爆炸算子使一些火花保持在最优区域 R_ε 的概率。

对于 P_{mu}，假设突变算子操作是随机的、分布均匀的。一个烟花被突变到最佳区域 R_ε 的概率为 $\dfrac{v(R_\varepsilon)}{v(S)}$，那么 n 个烟花随机突变到最优区域 R_ε 的概率为

$$P_{\mathrm{mu}}(t) = \frac{v(R_\varepsilon) \times n}{v(S)}。$$

对于 P_{ex}，可以推导出第 i 个烟花爆炸并使火花保持在最优范围 R 内的概率为 $\dfrac{v\,(A_i \cap R_\varepsilon) \times m_i}{v\,(A_i)}$。因此，$n$ 个烟花的爆炸使一些火花保持在最优区域 R_ε，P_{ex} 的概率为 $P_{\text{ex}} = \displaystyle\sum_{i=1}^{n} \dfrac{v\,(A_i \cap R_\varepsilon) \times m_i}{v\,(A_i)}$。其中 A_i 为第 i 个烟花爆炸时的搜索空间，m_i 为第 i 次烟花所产生的火花数。

因此，可以推导出

$$P\left(\xi_{t+1} \in Y^* \mid \xi_t \notin Y^*\right) = \frac{v\,(R_\varepsilon) \times n}{v(S)} + \sum_{i=1}^{n} \frac{v\,(A_i \cap R_\varepsilon) \times m_i}{v\,(A_i)} \tag{6.10}$$

因为 $0 \leqslant v\,(A_i \cap R_\varepsilon) \leqslant v\,(R_\varepsilon)$，所以

$$0 \leqslant P_{\text{ex}} = \sum_{i=1}^{n} \frac{v\,(A_i \cap R_\varepsilon) \times m_i}{v\,(A_i)} \leqslant \sum_{i=1}^{n} \frac{v\,(R_\varepsilon) \times m_i}{v\,(A_i)} = v\,(R_\varepsilon) \sum_{i=1}^{n} \frac{m_i}{v\,(A_i)}$$

则有

$$\frac{v\,(R_\varepsilon) \times n}{v(S)} \leqslant P\left(\xi_{t+1} \in Y^* \mid \xi_t \notin Y^*\right) \leqslant \frac{v\,(R_s) \times n}{v(S)} + v\,(R_\varepsilon) \sum_{i=1}^{n} \frac{m_i}{v\,(A_i)}$$

$$= v\,(R_\varepsilon) \left(\frac{n}{v(S)} + \sum_{i=1}^{n} \frac{m_i}{v\,(A_i)} \right)$$

因此，可以得到

$$\frac{v\,(R_\varepsilon) \times n}{v(S)} \leqslant P\left(\xi_{t+1} \in Y^* \mid \xi_t \notin Y^*\right) \leqslant v\,(R_\varepsilon) \left(\frac{n}{v(S)} + \sum_{i=1}^{n} \frac{m_i}{v\,(A_i)} \right)$$

定理 6.6 得证。 $\square$

由于式 (6.7) 右边的公式难以确定和计算，式 (6.8) 给出了粗略的结果。对于 FWA 来说，很难计算 P_{ex} 的概率。为了准确地计算概率，需要利用定理 6.6 证明过程得到的公式 (6.10)，则有

$$P_{\text{ex}} = \sum_{i=1}^{n} \frac{v\,(A_i \cap R_\varepsilon) \times m_i}{v\,(A_i)} \tag{6.11}$$

式 (6.11) 中的 $v\,(A_i \cap R_\varepsilon)$ 和 P_{ex} 起关键作用，因为这些公式是随着算法运行而动态变化的，而 $v\,(A_i \cap R_\varepsilon)$ 与烟花的位置 F_i 有关。根据式 (6.4) 和式 (6.5) 可知，两支保留到下一代的烟花之间的距离需要尽可能远，因此可假设在同一时间内仅

有一支烟花能停留在最佳区域 R_ε，同时还可假设最佳烟花有最大的概率进入最佳区域 R_ε。

根据以上假设，有 $v(A_i) \geqslant v(A_{\text{best}})$ 和 $m_i \leqslant m_{\text{best}}$，其中 A_{best} 和 m_{best}，$i \in (1, 2, \cdots, n)$ 分别是所有烟花中适应值最好的烟花爆炸区域和产生火花数。因此，可以推导出 $\dfrac{v(A_i \cap R_\varepsilon)}{v(A_i)} < \dfrac{v(A_{\text{best}} \cap R_\varepsilon) \times m_{\text{best}}}{v(A_{\text{best}})}$。

可以认为，对于 $i \in (1, 2, \cdots, n)$ 且 $A_i \neq A_{\text{best}}$ 时，有 $(A_i \cap R_\varepsilon) \cap (A_{\text{best}} \cap R_\varepsilon) = \varnothing$，因此，可得

$$P_{\text{ex}} = \sum_{i=1}^{n} \frac{v(S_i \cap R_\varepsilon)}{v(S_i)} < \frac{v(S_{\text{best}} \cap R_\varepsilon)}{v(S_{\text{best}})} < \frac{v(R_\varepsilon) \times m_{\text{best}}}{v(S_{\text{best}})} \tag{6.12}$$

因此，式 (6.7) 可改为

$$\frac{v(R_\varepsilon) \times n}{v(S)} \leqslant p(\xi_{t+1} \in Y^* \mid \xi_t \notin Y^*) \leqslant v(R_\varepsilon)\left(\frac{n}{v(S)} + \frac{m_{\text{best}}}{v(S_{\text{best}})}\right) \tag{6.13}$$

式 (6.12) 比式 (6.7) 更有意义。根据式 (6.12) 和推论 6.1，令 $a = \dfrac{v(R_\varepsilon) \times n}{v(S)}$，$b = v(R_\varepsilon)\left(\dfrac{n}{v(S)} + \dfrac{m_{\text{best}}}{v(S_{\text{best}})}\right)$，可得

$$\frac{v(S) \times v(S_{\text{best}})}{v(R_\varepsilon) \times (n \times v(S_{\text{best}})) + m_{\text{best}} \times v(S)} \times (1 - \lambda_0) \leqslant E_\gamma \leqslant \frac{v(S)}{v(R_\varepsilon) \times n} \times (1 - \lambda_0)$$

其中，$\lambda_t = P\{\xi_t \in Y^*\}$。

因为 FWA 在初始化时随机生成烟花得到最优解的概率极低，因此，$\lambda_0 = P\{\xi_0 \in Y^*\} \ll 1$，$1 - \lambda_0$ 约等于 1。因此，可以近似得到以下结论：

$$\frac{v(S) \times v(S_{\text{best}})}{v(R_\varepsilon) \times (n \times v(S_{\text{best}})) + m_{\text{best}} \times v(S)} \leqslant E_\gamma \leqslant \frac{v(S)}{v(R_\varepsilon) \times n} \tag{6.14}$$

基于以上推导及参考文献 [143]，可得如下的推论 6.2。

推论 6.2　FWA 的期望收敛时间 E_λ，使得

$$\frac{v(S) \times v(S_{\text{best}})}{v(R_\varepsilon) \times (n \times v(S_{\text{best}}) + m_{\text{best}} \times v(S))} \leqslant E_\gamma \leqslant \frac{v(S)}{v(R_\varepsilon) \times n} \tag{6.15}$$

由式 (6.15) 可知，R_ε 的值越大，$v(S)$ 的值越小，有利于提高 FWA 的效率，但这两个值与目标问题有关。式 (6.15) 表明 $v(S_{\text{best}})$ 和 m_{best} 对 FWA 的期望收敛时间非常重要。但上述结果是在一定假设条件下近似得到的，结论有局限性；更精确的分析还需要通过结合细节进行严谨的数学推导。

6.5　烟花算法时间复杂度估算的实验方法

为了了解烟花算法在求解实际问题时的时间复杂度，我们可以根据 Huang 等学者基于文献 [29] 构建的算法时间复杂度分析系统，上传问题维度、适应值差以及增益这三项数据，对数据进行曲面拟合，自动生成时间复杂度估算结果。因此，我们在算法 6.1 的基础上添加了增益采样的步骤以获得烟花算法的适应值差及平均增益，具体的采样流程如算法 6.2 所示（新增步骤加粗表示）。

算法 6.2　烟花算法的采样过程

输入：样本容量 K、问题规模的集合 $N = \{n_1, n_2, \cdots, n_k\}$

输出：适应值差 $d'_{\min}$ 和平均增益 $\bar{G}$

 1:　分别在 λ 个位置燃放烟花
 2:　**for n 取集合 N 中的每一个值 do**
 3:　　**while 未满足终止条件 do**
 4:　　　**for $i = 1$ to K do**
 5:　　　　//通过算法迭代公式产生个体
 6:　　　　对所有的烟花 X_i 随机选择产生火花
 7:　　　　//评估个体适应值
 8:　　　　**收集最小适应值差 $d'_{\min}$ 和增益样本 G_i**
 9:　　　**end for**
10:　　　**计算增益样本的均值以得到平均增益 $\bar{G}$**
11:　　　//选择个体作为子代
12:　　　根据选择策略选择最佳火花和其他火花
13:　　**end while**
14:　　**输出适应值差 $d'_{\min}$ 和平均增益 $\bar{G}$**
15:　**end for**

在算法 6.2 中，在烟花算法优化过程中，K 代表样本容量，即在一次采样过程中，K 个样本将被采集，增益的样本将被独立收集汇总，之后通过当前种群的最小适应值差和相邻后代种群的最小适应值差计算得到增益。一次采样结束后，K 个样本点的平均增益样本值进行平均，平均后的值代表了在本次采样中适应值差所对应的平均增益。$N = \{n_1, n_2, \cdots, n_k\}$ 代表不同的问题规模集合，实验为集合 N 中的每一个元素 n 都进行了一轮采样。

根据算法 6.2 获得的适应值差和增益，采用曲面拟合的方式对收集得到的平均增益、适应值差及问题维度进行拟合。本节选取了表 4.4 中的 9 个基准函数作为测试函数。最终，我们可以获得如表 6.1 所示的时间复杂度估算，其中 X_0 为初始的适应值差，ϵ 为迭代结束的阈值，n 则为问题的维数。

表 6.1　烟花算法的时间复杂度

适应值函数	时间复杂度	适应值函数	时间复杂度
f_1	$O\left(n^{0.251}\ln\left(\dfrac{X_0}{\epsilon}\right)\right)$	f_6	$O\left(n^{0.625}\ln\left(\dfrac{X_0}{\epsilon}\right)\right)$
f_2	$O\left(n^{0.245}\ln\left(\dfrac{X_0}{\epsilon}\right)\right)$	f_7	$O\left(n^{2.348}\ln\left(\dfrac{X_0}{\epsilon}\right)\right)$
f_3	$O\left(n^{0.301}\ln\left(\dfrac{X_0}{\epsilon}\right)\right)$	f_8	$O\left(n^{2.597}\ln\left(\dfrac{X_0}{\epsilon}\right)\right)$
f_4	$O\left(n^{0.992}\ln\left(\dfrac{X_0}{\epsilon}\right)\right)$	f_9	$O\left(n^{0.548}\ln\left(\dfrac{X_0}{\epsilon}\right)\right)$
f_5	$O\left(n^{0.300}\ln\left(\dfrac{X_0}{\epsilon}\right)\right)$		

其中，烟花算法求解 9 个基准函数的曲线拟合效果如图 6.2～图 6.10 所示。同样地，我们以 f_1（sphere）函数为例，详细介绍时间复杂度估算实验方法实现的具体过程。首先，根据算法 6.2 对 FWA 在求解 f_1（sphere）函数的优化过程中分别进行数据采样，以获得适应值差和平均增益的数据。然后，对获得的数据进行曲面拟合。FWA 求解 f_1（sphere）函数的数据拟合结果如图 6.2 所示。图 6.2（a）展示了算法在求解函数过程中样本点的平均增益、适应值差及问题维度，为了更好地展现算法样本点拟合数据的特征，图 6.2（b）在图（a）的基础上对平均增益取了以 10 为底的对数，以便获得更直观的展示结果。图 6.2（c）和（d）展示了根据图 6.2（a）和（b）的样本点所绘制的拟合曲面结果。经过对平均增益数据点的曲面拟合，我们可以得到拟合曲线 f 的表达式为

$$f(r,n) = \frac{r}{2.946 \times n^{0.251}} \tag{6.16}$$

其中，f 表示平均增益；r 表示最小适应值差；n 表示问题维度。此解析式（6.16）反映了平均增益与适应值差以及问题维度的关系。把拟合曲线 f 中的问题维度 n 看作已知参数，则 f 可以看作符合拟合条件中的函数 $h(X_0)$。根据定理 2.6，可以推导出 FWA 求解 f_1（sphere）函数的平均首达时间上界满足：

$$E(T_\varepsilon|X_0) \leqslant 1 + 2.946 \times n^{0.251}\ln\left(\frac{X_0}{\varepsilon}\right) \tag{6.17}$$

从表 6.1 可以看出，FWA 求解另外 8 个测试函数时，时间复杂度的估算过程与此一致。

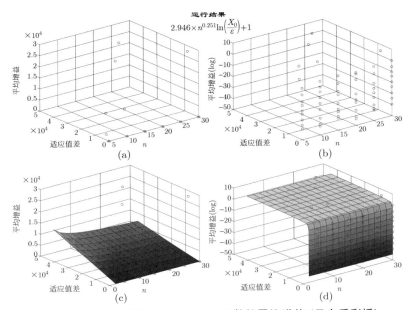

图 6.2　FWA 求解 f_1(sphere) 函数的平均增益 (见文后彩插)

(a) 平均增益与适应值差和问题规模；(b) 平均增益的对数与适应值差和问题规模；
(c) 对平均增益的曲面拟合；(d) 对平均增益的对数的曲面拟合

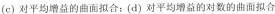

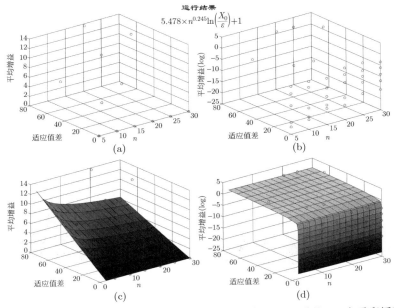

图 6.3　FWA 求解 f_2(schwefel's P221) 函数的平均增益 (见文后彩插)

(a) 平均增益与适应值差和问题规模；(b) 平均增益的对数与适应值差和问题规模；
(c) 对平均增益的曲面拟合；(d) 对平均增益的对数的曲面拟合

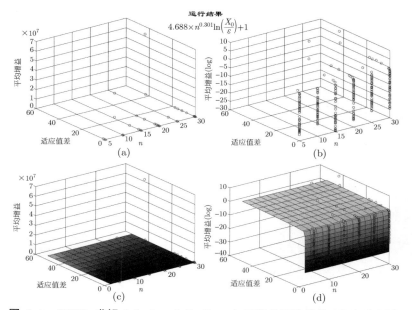

图 6.4　FWA 求解 f_3(schwefel's P222) 函数的平均增益 (见文后彩插)

(a) 平均增益与适应值差和问题规模；(b) 平均增益的对数与适应值差和问题规模；
(c) 对平均增益的曲面拟合；(d) 对平均增益的对数的曲面拟合

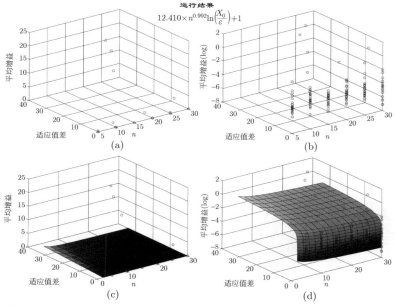

图 6.5　FWA 求解 f_4(quartic noise) 函数的平均增益 (见文后彩插)

(a) 平均增益与适应值差和问题规模；(b) 平均增益的对数与适应值差和问题规模；
(c) 对平均增益的曲面拟合；(d) 对平均增益的对数的曲面拟合

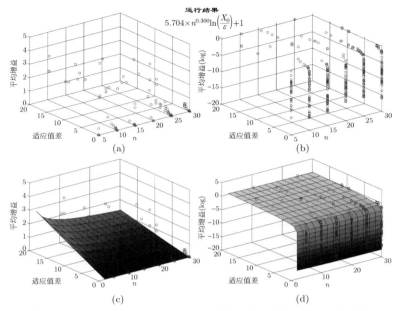

图 6.6　FWA 求解 f_5(ackley) 函数的平均增益 (见文后彩插)

(a) 平均增益与适应值差和问题规模；(b) 平均增益的对数与适应值差和问题规模；

(c) 对平均增益的曲面拟合；(d) 对平均增益的对数的曲面拟合

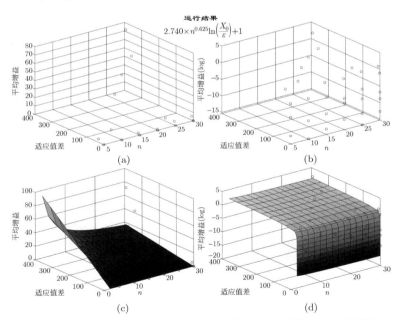

图 6.7　FWA 求解 f_6(rastrigin) 函数的平均增益 (见文后彩插)

(a) 平均增益与适应值差和问题规模；(b) 平均增益的对数与适应值差和问题规模；

(c) 对平均增益的曲面拟合；(d) 对平均增益的对数的曲面拟合

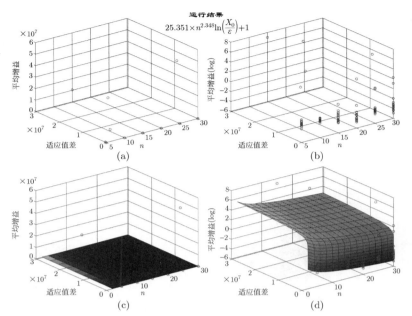

图 6.8   FWA 求解 f_7(rosenbrock) 函数的平均增益 (见文后彩插)

(a) 平均增益与适应值差和问题规模；(b) 平均增益的对数与适应值差和问题规模；

(c) 对平均增益的曲面拟合；(d) 对平均增益的对数的曲面拟合

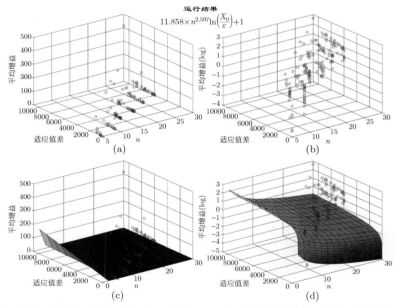

图 6.9   FWA 求解 f_8(schwefel's P226) 函数的平均增益 (见文后彩插)

(a) 平均增益与适应值差和问题规模；(b) 平均增益的对数与适应值差和问题规模；

(c) 对平均增益的曲面拟合；(d) 对平均增益的对数的曲面拟合

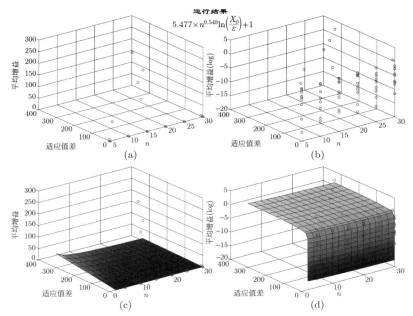

图 6.10　**FWA 求解 f_9(griewank) 函数的平均增益 (见文后彩插)**

(a) 平均增益与适应值差和问题规模；(b) 平均增益的对数与适应值差和问题规模；
(c) 对平均增益的曲面拟合；(d) 对平均增益的对数的曲面拟合

6.6　本章小结

在本章中，我们首先根据 FWA 的特点给出了 FWA 的随机过程模型，并证明了该过程为马尔可夫过程。接着，我们基于马尔可夫过程的收敛性证明了 FWA 生成高斯突变火花的过程是全局收敛的。然后，我们根据 FWA 的时间收敛给出了算法期望首达时间的定义，并结合 FWA 的特性给出了 FWA 时间复杂度分析的方法，以期望首达时间为标准，计算 FWA 的爆炸和突变这两种变异方式从非最优区域到达最优区域的概率。计算结果表明，FWA 的爆炸算子概率 P_{ex} 大于突变算子的概率 P_{mu}。此外，我们证明了 FWA 的期望收敛时间 E_λ 与 $v(S_{best})$、m_{best} 有关。最后，本章利用了时间复杂度估算系统实现了 FWA 在 9 个基准函数上的时间复杂度估算。

参 考 文 献

[1] SMITH A E. Swarm intelligence: from natural to artificial systems[J]. Connection Science, 2002, 14(2): 163-164.

[2] KENNEDY J, EBERHART R. Particle swarm optimization[C]//Proceedings of ICNN'95-International Conference on Neural Networks, Perth, WA, Australia, 1995, 4: 1942-1948.

[3] DORIGO M, BIRATTARI M, STUTZLE T. Ant colony optimization[J]. IEEE Computational Intelligence Magazine, 2006, 1(4): 28-39.

[4] SHI Y. Brain storm optimization algorithm[C]//Advances in Swarm Intelligence: Second International Conference, ICSI 2011, Chongqing, China, June 12-15, 2011.

[5] DUAN H B, QIAO P X. Pigeon-inspired optimization: a new swarm intelligence optimizer for air robot path planning[J]. International Journal of Intelligent Computing and Cybernetics, 2014, 7(1): 24-37.

[6] YING T, CHAO Y, ZHENG S, et al. Introduction to fireworks algorithm[J]. International Journal of Swarm Intelligence Research, 2013, 4(4): 39-70.

[7] HOLLAND J H. Genetic algorithms[J]. Scientific American, 1992, 267(1): 66-73.

[8] GOLDBERG D E, SEGREST P. Finite Markov chain analysis of genetic algorithms[C]//Proceedings of the Second International Conference on Genetic Algorithms on Genetic Algorithms and Their Application, Cambridge, Massachusetts, USA, 1987: 1-8.

[9] HE J, YAO X. Drift analysis and average time complexity of evolutionary algorithms[J]. Artificial Intelligence, 2001, 127(1): 57-85.

[10] 黄翰, 徐威迪, 张宇山, 等. 基于平均增益模型的连续型 (1+1) 进化算法计算时间复杂性分析 [J]. 中国科学: 信息科学, 2014, 44(6): 811-824.

[11] HOLLAND J H. Adaptation in natural and artificial systems[M]. Ann Arbor: University of Michigan Press, 1975.

[12] EIBEN A E, AARTS E, HEE K. Global convergence of genetic algorithms: a markov chain analysis[C]//Proceedings of the 1st Workshop on Parallel Problem Solving from Nature, Berlin, Heidelberg, 1991: 4-12.

[13] RUDOLPH G. Convergence analysis of canonical genetic algorithms[J]. IEEE Transactions on Neural Networks, 1994, 5(1): 96-101.

[14] 梁艳春. 基于扩展串的等价遗传算法的收敛性 [J]. 计算机学报, 1997, 20(8): 686-694.

[15] 徐宗本, 聂赞坎, 张文修. 遗传算法的几乎必然强收敛性——鞅方法 [J]. 计算机学报, 2002, 25(8): 785-793.

[16] 周育人, 闵华清, 许孝元, 等. 多目标演化算法的收敛性研究 [J]. 计算机学报, 2004, 27(10): 1415-1421.

[17] 黄翰, 林智勇, 郝志峰, 等. 基于关系模型的进化算法收敛性分析与对比 [J]. 计算机学报, 2011, 34(5): 801-811.

[18] WEGENER I. Theoretical aspects of evolutionary algorithms[C]//Automata, Languages and Programming: 28th International Colloquium, ICALP 2001 Crete, Greece, July 8–12, 2001 Proceedings. Berlin, Heidelberg: Springer Berlin Heidelberg, 2001: 64-78.

[19] YU Y, QIAN C, ZHOU Z H. Switch analysis for running time analysis of evolutionary algorithms[J]. IEEE Transactions on Evolutionary Computation, 2015, 19(6): 777-792.

[20] SUDHOLT D. A new method for lower bounds on the running time of evolutionary algorithms[J]. IEEE Transactions on Evolutionary Computation, 2012, 17(3): 418-435.

[21] DONG Z, DAN L, LU R, et al. The use of tail inequalities on the probable computational time of randomized search heuristics[J]. Theoretical Computer Science, 2012, 436: 106-117.

[22] WITT C. Fitness levels with tail bounds for the analysis of randomized search heuristics[J]. Information Processing Letters, 2014, 114(1-2): 38-41.

[23] ZHOU Y. Runtime analysis of an ant colony optimization algorithm for TSP instances[J]. IEEE Transactions on Evolutionary Computation, 2009, 13(5): 1083-1092.

[24] OLIVETO P S, WITT C. Erratum: Simplified drift analysis for proving lower bounds in evolutionary computation[J]. arXiv preprint arXiv:1211.7184, 2012.

[25] DOERR B, NEUMANN F. A survey on recent progress in the theory of evolutionary algorithms for discrete optimization[J]. ACM Transactions on Evolutionary Learning and Optimization, 2021, 1(4): 1-43.

[26] YU Y, QIAN C. Running time analysis: Convergence-based analysis reduces to switch analysis[C]//2015 IEEE Congress on Evolutionary Computation (CEC). IEEE, 2015: 2603-2610.

[27] QIAN C, YU Y, ZHOU Z H. A lower bound analysis of population-based evolutionary algorithms for pseudo-Boolean functions[C]//Intelligent Data Engineering and Automated Learning–IDEAL 2016: 17th International Conference, Yangzhou, China, October 12–14, 2016, Proceedings. Cham: Springer International Publishing, 2016: 457-467.

[28] 张宇山, 黄翰, 郝志峰, 等. 连续型演化算法首达时间分析的平均增益模型 [J]. 计算机学报, 2019, 42(3): 624-635.

[29] HUANG H, SU J, ZHANG Y, et al. An experimental method to estimate running time of evolutionary algorithms for continuous optimization[J]. IEEE Transactions on Evolutionary Computation, 2020, 24(2): 275-289.

[30] SHI Y, EBERHART R. A modified particle swarm optimizer[C]//1998 IEEE international conference on evolutionary computation proceedings. IEEE world congress on computational intelligence (Cat. No. 98TH8360). IEEE, 1998: 69-73.

[31] BERGH F V D, ENGELBRECHT A. A cooperative approach to particle swarm optimization[J]. IEEE Transactions on Evolutionary Computation, 2004, 8(3): 225-239.

[32] LIANG J J, QIN A K, SUGANTHAN P N, et al. Comprehensive learning particle swarm optimizer for global optimization of multimodal functions[J]. IEEE Transactions on Evolutionary Computation, 2006, 10(3): 281-295.

[33] HUANG H, QIN H, HAO Z, et al. Example-based learning particle swarm optimization for continuous optimization[J]. Information Sciences, 2012, 182(1): 125-138.

[34] HUANG H, LV L, YE S, et al. Particle swarm optimization with convergence speed controller for large-scale numerical optimization[J]. Soft Computing, 2019, 23(12): 4421-4437.

[35] BONYADI M R, MICHALEWICZ Z. Analysis of stability, local convergence, and transformation sensitivity of a variant of the particle swarm optimization algorithm[J]. IEEE Transactions on Evolutionary Computation, 2015, 20(3): 370-385.

[36] YUAN Q, YIN G. Analyzing convergence and rates of convergence of particle swarm optimization algorithms using stochastic approximation methods[J]. IEEE Transactions on Automatic Control, 2014, 60(7): 1760-1773.

[37] WITT C. Why standard particle swarm optimisers elude a theoretical runtime analysis[C]//Proceedings of the tenth ACM SIGEVO workshop on Foundations of genetic algorithms. 2009: 13-20.

[38] SUDHOLT D, WITT C. Runtime analysis of binary PSO[C]//Proceedings of the 10th annual conference on genetic and evolutionary computation. 2008: 135-142.

[39] SUDHOLT D, WITT C. Runtime analysis of a binary particle swarm optimizer[J]. Theoretical Computer Science, 2010, 411(21): 2084-2100.

[40] MÜHLENTHALER M, RAßA, SCHMITT M, et al. Runtime analysis of a discrete particle swarm optimization algorithm on sorting and OneMax[C]//Proceedings of the 14th ACM/SIGEVO Conference on Foundations of Genetic Algorithms. 2017: 13-24.

[41] RAßA, SCHREINER J, WANKA R. Runtime analysis of discrete particle swarm optimization applied to shortest paths computation[C]//Evolutionary Computation

in Combinatorial Optimization: 19th European Conference, EvoCOP 2019, Held as Part of EvoStar 2019, Leipzig, Germany, April 24–26, 2019, Proceedings 19. Springer International Publishing, 2019: 115-130.

[42] WU H, HUANG H, YANG S, et al. Running-time analysis of particle swarm optimization with a single particle based on average gain[A]//Shi Y, Tan K C, Zhang M, et al. Simulated Evolution and Learning[C]. Cham: Springer International Publishing, 2017, 515-527.

[43] LEHRE P K, WITT C. Finite first hitting time versus stochastic convergence in particle swarm optimisation[J]. Advances in Metaheuristics, 2013, 1-20.

[44] 任子晖, 王坚, 高岳林. 马尔科夫链的粒子群优化算法全局收敛性分析 [J]. 控制理论与应用, 2011, 28(4): 462-466.

[45] 徐刚, 江美珍, 吴志华, 等. 粒子群优化算法的收敛性分析 [J]. 南昌大学学报 (理科版), 2015(4): 315-318.

[46] ZHANG Y, HUANG H, HAO Z, et al. First hitting time analysis of continuous evolutionary algorithms based on average gain[J]. Cluster Computing, 2016, 19(3): 1323-1332.

[47] TUCKER H G. A Generalization of the Glivenko-Cantelli Theorem[J]. The Annals of Mathematical Statistics, 1959, 30(3): 828-830.

[48] SUGANTHAN P N, HANSEN N, LIANG J J, et al. Problem definitions and evaluation criteria for the CEC 2005 special session on real-parameter optimization[R]. Singapore: Nanyang Technological University, 2005.

[49] DORIGO M. Optimization, learning and natural algorithms(in Italian)[D]. Dipartimento di Elettronica, Politecnico di Milano, Italy, 1992.

[50] DORIGO M, SOCHA K. An introduction to ant colony optimization[M]//Handbook of Approximation Algorithms and Metaheuristics, Second Edition. Chapman and Hall/CRC, 2018.

[51] DORIGO M, GAMBARDELLA L M. Ant colony system: a cooperative learning approach to the traveling salesman problem[J]. IEEE Transactions on Evolutionary Computation, 1997, 1(1): 53-66.

[52] STÜTZLE T, HOOS H H. MAX-MIN ant system[J]. Future Generation Computer Systems, 2000, 16(8): 889-914.

[53] GUTJAHR W J. A graph-based ant system and its convergence[J]. Future Generation Computer Systems, 2000, 16(8): 873-888.

[54] DORIGO M, BLUM C. Ant colony optimization theory: a survey[J]. Theoretical Computer Science, 2005, 344(2): 243-278.

[55] BADR A, FAHMY A. A proof of convergence for ant algorithms[J]. Information Sciences, 2004, 160(1): 267-279.

[56] GUTJAHR W J. ACO algorithms with guaranteed convergence to the optimal solution[J]. Information Processing Letters, 2002, 82(3): 145-153.

[57] STÜTZLE T, DORIGO M. A short convergence proof for a class of ACO algorithms[J]. IEEE Transactions on Evolutionary Computation, 2002, 6(4): 358-365.

[58] 柯良军, 冯祖仁, 冯远静. 有限级信息素蚁群算法 [J]. 自动化学报, 2006, 32(2): 296-303.

[59] 杨文国. 求解最小 Steiner 树的蚁群优化算法及其收敛性 [J]. 应用数学学报, 2006, 29(2): 352-361.

[60] HAO Z, HUANG H, ZHANG X, et al. A time complexity analysis of ACO for linear functions[C]//Proceedings of the 6th International Conference, SEAL 2006, Hefei, China, 2006: 513-520.

[61] 黄翰, 郝志峰, 吴春国, 等. 蚁群算法的收敛速度分析 [J]. 计算机学报, 2007, 30(8): 1344-1353.

[62] 赵霞, 田恩刚. 蚁群系统（ACS）及其收敛性证明 [J]. 计算机工程与应用, 2007, 43(5): 67-70.

[63] HUANG H, WU C G, HAO Z F. A pheromone-rate-based analysis on the convergence time of ACO algorithm[J]. IEEE Transactions on Systems, Man, and Cybernetics, Part B (Cybernetics), 2009, 39(4): 910-923.

[64] HUANG H, WU H, ZHANG Y, et al. Running-time analysis of ant system algorithms with upper-bound comparison[J]. International Journal of Swarm Intelligence Research (IJSIR), 2017, 8(4): 1-17.

[65] SHI Y H. An optimization algorithm based on brainstorming process[J]. International Journal of Swarm Intelligence Research, 2011, 2(4): 35-62.

[66] OSBORN A. Applied imagination-principles and procedures of creative writing[M]. Redditch: Read Books Ltd, 2012.

[67] SUN C, DUAN H, SHI Y. Optimal satellite formation reconfiguration based on closed-loop brain storm optimization[J]. IEEE Computational Intelligence Magazine, 2013, 8(4): 39-51.

[68] DUAN H B, LI S T, SHI Y H. Predator-Prey brain storm optimization for DC brushless motor[J]. IEEE Transactions on Magnetics, 2013, 49(10): 5336-5340.

[69] DUAN H, LI C. Quantum-behaved brain storm optimization approach to solving Loney's solenoid problem[J]. IEEE Transactions on Magnetics, 2014, 51(1): 1-7.

[70] XIONG G, SHI D, ZHANG J, et al. A binary coded brain storm optimization for fault section diagnosis of power systems[J]. Electric Power Systems Research, 2018, 163: 441-451.

[71] WANG Z, HE J, XU Y, et al. Multi-objective optimisation method of power grid partitioning for wide-area backup protection[J]. IET Generation, Transmission & Distribution, 2018, 12(3): 696-703.

[72] OGAWA S, MORI H. A hierarchical scheme for voltage and reactive power control with predator-prey brain storm optimization[C]//2019 20th International Conference on Intelligent System Application to Power Systems (ISAP). IEEE, 2019: 1-6.

[73] MATSUMOTO K, FUKUYAMA Y. Voltage and reactive power control by parallel modified brain storm optimization[C]//2020 International Conference on Artificial Intelligence in Information and Communication (ICAIIC). IEEE, 2020: 553-558.

[74] JORDEHI A R. Brainstorm optimisation algorithm (BSOA): an efficient algorithm for finding optimal location and setting of FACTS devices in electric power systems[J]. International Journal of Electrical Power & Energy Systems, 2015, 69: 48-57.

[75] KUMAR G V N, KUMAR B S, RAO B V, et al. Enhancement of voltage stability using FACTS devices in electrical transmission system with optimal rescheduling of generators by brain storm optimization algorithm[M]. Cham: Springer International Publishing, 2019: 273-297.

[76] LENIN K. Solving optimal reactive power dispatch problem by chaotic based brain storm optimization algorithm[J]. Journal of Applied Science, Engineering, Technology, and Education, 2021, 3(2): 145-150.

[77] SOYINKA O K, DUAN H. Optimal impulsive thrust trajectories for satellite formation via improved brainstorm optimization[C]//Advances in Swarm Intelligence: 7th International Conference, ICSI 2016, Bali, Indonesia, June 25-30, 2016, Proceedings, Part I 7. Springer International Publishing, 2016: 491-499.

[78] ZHANG C, XU X, SHI Y, et al. Binocular pose estimation for UAV autonomous aerial refueling via brain storm optimization[C]//2019 IEEE Congress on Evolutionary Computation (CEC). IEEE, 2019: 254-261.

[79] DUAN H, ZHANG D, SHI Y, et al. Close formation flight of swarm unmanned aerial vehicles via metric-distance brain storm optimization[J]. Memetic Computing, 2018, 10(4): 369-381.

[80] LI J, DUAN H. Simplified brain storm optimization approach to control parameter optimization in F/A-18 automatic carrier landing system[J]. Aerospace science and Technology, 2015, 42: 187-195.

[81] QIU H, DUAN H, SHI Y. A decoupling receding horizon search approach to agent routing and optical sensor tasking based on brain storm optimization[J]. Optik, 2015, 126(7): 690-696.

[82] WANG J, HOU R, WANG C, et al. Improved v-Support vector regression model based on variable selection and brain storm optimization for stock price forecasting[J]. Applied Soft Computing, 2016, 49: 164-178.

[83] YANG B, ZHANG W, WANG H. Stock market forecasting using restricted gene expression programming[J]. Computational Intelligence and Neuroscience, 2019, 2019: 1-14.

[84] XIONG G, SSHI D. Hybrid biogeography-based optimization with brain storm optimization for non-convex dynamic economic dispatch with valve-point effects[J]. Energy, 2018, 157: 424-435.

[85] WU Y, WANG X, XU Y, et al. Multi-objective differential-based brain storm optimization for environmental economic dispatch problem[M]. Cham: Springer International Publishing, 2019.

[86] TUBA E, STRUMBERGER I, ZIVKOVIC D, et al. Mobile robot path planning by improved brain storm optimization algorithm[C]//2018 IEEE congress on evolutionary computation (CEC). IEEE, 2018: 1-8.

[87] LI G, ZHANG D, SHI Y. An unknown environment exploration strategy for swarm robotics based on brain storm optimization algorithm[C]//2019 IEEE Congress on Evolutionary Computation (CEC). IEEE, 2019: 1044-1051.

[88] MAFTEIU-SCAI L, MAFTEIU E, MAFTEIU-SCAI R. Brain storm optimization algorithms for solving equations systems[M]. Cham: Springer International Publishing, 2019.

[89] DAI C, LEI X. A multiobjective brain storm optimization algorithm based on decomposition[J]. Complexity, 2019, 2019: 1-11.

[90] GUO Y, YANG H, CHEN M, et al. Grid-based dynamic robust multi-objective brain storm optimization algorithm[J]. Soft Computing, 2020, 24(10): 7395-7415.

[91] MA X, JIN Y, DONG Q. A generalized dynamic fuzzy neural network based on singular spectrum analysis optimized by brain storm optimization for short-term wind speed forecasting[J]. Applied Soft Computing, 2017, 54: 296-312.

[92] HUANG Y, YANG L, LIU S, et al. Multi-step wind speed forecasting based on ensemble empirical mode decomposition, long short term memory network and error correction strategy[J]. Energies, 2019, 12(10): 1822.

[93] LIANG J, WANG P, YUE C, et al. Multi-objective brainstorm optimization algorithm for sparse optimization[C]//2018 IEEE Congress on Evolutionary Computation (CEC). IEEE, 2018: 1-8.

[94] POURPANAH F, SHI Y, LIM C P, et al. Feature selection based on brain storm optimization for data classification[J]. Applied Soft Computing, 2019, 80: 761-775.

[95] OLIVA D, ABD ELAZIZ M. An improved brainstorm optimization using chaotic opposite-based learning with disruption operator for global optimization and feature selection[J]. Soft Computing, 2020, 24(18): 14051-14072.

[96] POUTPANAH F, WANG R, WANG X, et al. mBSO: a multi-population brain storm optimization for multimodal dynamic optimization problems[C]//2019 IEEE symposium series on computational intelligence (SSCI). IEEE, 2019: 673-679.

[97] DAI Z Y, FANG W, LI Q, et al. Modified self-adaptive brain storm optimization algorithm for multimodal optimization[C]//Bio-inspired Computing: Theories and Applications: 14th International Conference, BIC-TA 2019, Zhengzhou, China, November 22-25, 2019, Revised Selected Papers, Part I 14. Springer Singapore, 2020: 384-397.

[98] FU Y, TIAN G, FATHOLLAHI-FARD A M, et al. Stochastic multi-objective modelling and optimization of an energy-conscious distributed permutation flow shop scheduling problem with the total tardiness constraint[J]. Journal of Cleaner Production, 2019, 226: 515-525.

[99] HAO J, LI J, DU Y, et al. Solving distributed hybrid flowshop scheduling problems by a hybrid brain storm optimization algorithm[J]. IEEE Access, 2019, 7: 66879-66894.

[100] ZHOU Z, DUAN H, SHI Y. Convergence analysis of brain storm optimization algorithm[C]//2016 IEEE Congress on Evolutionary Computation (CEC). IEEE, 2016: 3747-3752.

[101] QIAO Y, HUANG Y, GAO Y. The global convergence analysis of brain storm optimization[J]. NeuroQuantology, 2018, 16(6): 314-319.

[102] JÄGERSKÜPPER J. Combining Markov-chain analysis and drift analysis: the (1+1) evolutionary algorithm on linear functions reloaded[J]. Algorithmica, 2011, 59(3): 409-424.

[103] CHEN T, HE J, SUN G, et al. A new approach for analyzing average time complexity of population based evolutionary algorithms on unimodal problems[J]. IEEE Transactions on Systems, Man, and Cybernetics, Part B (Cybernetics), 2009, 39(5): 1092-1106.

[104] OLIVETO P S, WITT C. Simplified drift analysis for proving lower bounds in evolutionary computation[J]. Algorithmica, 2011, 59(3): 369-386.

[105] LEHRE P K, WITT C. Concentrated hitting times of randomized search heuristics with variable drift[C]//Algorithms and Computation: 25th International Symposium, ISAAC 2014, Jeonju, Korea, December 15-17, 2014, Proceedings 25. Springer International Publishing, 2014: 686-697.

[106] HE J, YAO X. Average drift analysis and population scalability[J]. IEEE Transactions on Evolutionary Computation, 2017, 21(3): 426-439.

[107] AKIMOTO Y, AUGER A, GLASMACHERS T. Drift theory in continuous search spaces: expected hitting time of the (1+1)-ES with 1/5 success rule[C]//Proceedings of the Genetic and Evolutionary Computation Conference. 2018: 801-808.

[108] HASSLER U. Riemann Integrals[M]. Stochastic Processes and Calculus: An Elementary Introduction with Applications. Cham: Springer International Publishing, 2016.

[109] 张波, 张景肖. 应用随机过程 [M]. 北京：清华大学出版社, 2004.

[110] AKIMOTO Y, AUGER A, HANSEN N. Quality gain analysis of the weighted recombination evolution strategy on general convex quadratic functions[J]. Theoretical Computer Science, 2020, 832(6): 42-67.

[111] YU Y, ZHOU Z H. A new approach to estimating the expected first hitting time of evolutionary algorithms[J]. Artificial Intelligence, 2008, 172(15): 1809-1832.

[112] EL-ABD M. Brain storm optimization algorithm with re-initialized ideas and adaptive step size[C]//2016 IEEE Congress on Evolutionary Computation (CEC). IEEE, 2016: 2682-2686.

[113] YU Y, GAO S, WANG Y, et al. ASBSO: an improved brain storm optimization with flexible search length and memory-based selection[J]. IEEE Access, 2018, 6: 36977-36994.

[114] HE J, YAO X. From an individual to a population: an analysis of the first hitting time of population based evolutionary algorithms[J]. IEEE Transactions on Evolutionary Computation, 2002, 6(5): 495-511.

[115] YAO X, XU Y. Recent advances in evolutionary computation[J]. Journal of Computer Science and Technology, 2006, 21(1): 1-18.

[116] WITT C. Tight bounds on the optimization time of a randomized search heuristic on linear functions[J]. Combinatorics, Probability & Computing, 2013, 22(2): 294-318.

[117] FELLER W. An introduction to probability theory and its applications[M]. 2nd ed. New York: Wiley, 2008.

[118] ZHAN Z, CHEN W, LIN Y, et al. Parameter investigation in brain storm optimization[C]//2013 IEEE symposium on swarm intelligence (SIS). IEEE, 2013: 103-110.

[119] SHI Y. Brain storm optimization algorithm in objective space[C]//2015 IEEE Congress on evolutionary computation (CEC). IEEE, 2015: 1227-1234.

[120] BONYADI M R, MICHALEWICZ Z. Particle swarm optimization for single objective continuous space problems: a review[J]. Evolutionary computation, 2017, 25(1): 1-54.

[121] ZHANG B, DUAN H B. Three-dimensional path planning for uninhabited combat aerial vehicle based on predator-prey pigeon-inspired optimization in dynamic environment[J]. IEEE/ACM Transactions on Computational Biology and Bioinformatics, 2015, 14(1): 97-107.

[122] XU X B, DENG Y M. UAV power component–DC brushless motor design with merging adjacent-disturbances and integrated-dispatching pigeon-inspired optimization[J]. IEEE Transactions on Magnetics, 2018, 54(8): 1-7.

[123] LI T, ZHOU C J, WANG B, et al. A hybrid algorithm based on artificial bee colony and pigeon inspired optimization for 3D protein structure prediction[J]. Journal of Bionanoscience, 2018, 12(1): 100-108.

[124] SUSHNIGDHA G, JOSHI A. Trajectory design of re-entry vehicles using combined piSushnigdhageon inspired optimization and orthogonal collocation method[J]. IFAC-PapersOnLine, 2018, 51(1): 656-662.

[125] XIN L, XIAN N. Biological object recognition approach using space variant resolution and pigeon-inspired optimization for UAV[J]. Science China Technological Sciences, 2017, 60(10): 1577-1584.

[126] RAJENDRAN S, SANKARESWARAN U M. A novel pigeon inspired optimization in ovarian cyst detection[J]. Current Medical Imaging, 2016, 12(1): 43-49.

[127] LEI X J, DING Y L, WU F X. Detecting protein complexes from DPINs by density based clustering with pigeon-inspired optimization algorithm[J]. Science China Information Sciences, 2016, 59(7): 1-14.

[128] DUAN H B, YE F. Progresses in pigeon-inspired optimization algorithms[J]. Journal of Beijing University of Technology, 2017, 43(1): 1-7.

[129] XU G, YU G S. On convergence analysis of particle swarm optimization algorithm[J]. Journal of Computational and Applied Mathematics, 2018, 333: 65-73.

[130] LIU Q F. Order-2 stability analysis of particle swarm optimization[J]. Evolutionary Computation, 2015, 23(2): 187-216.

[131] NGUYEN H T, WANG T H. A graduate course in probability and statistics, volume I, essentials of probability for statistics[M]. Beijing: Tsinghua University Press, 2008.

[132] ELAYDI S N. An introduction to difference equations[M]. 3rd ed. New York: Springer Press, 2005.

[133] RUDOLPH G. Stochastic convergence[A]//Handbook of Natural Computing[M]. Berlin: Springer Press, 2010.

[134] TAN Y, ZHU Y. Fireworks algorithm for optimization[J]. Proceeding of International Conference on Swarm Intelligence (ICSI2010), 2010, Part II,LNCS 6145: 355-364.

[135] CHENG S, QIN Q, CHEN J, et al. Brain storm optimization algorithm: a review[J]. Artificial Intelligence Review, 2016, 46(4): 445-458.

[136] YE S, MA H, XU S, et al. An effective fireworks algorithm for warehouse-scheduling problem[J]. Transactions of the Institute of Measurement and Control, 2017, 39(1): 75-85.

[137] LI J, TAN Y. The bare bones fireworks algorithm: A minimalist global optimizer[J]. Applied Soft Computing, 2018, 62: 454-462.

[138] 郑健. 烟花算法在多目标优化中的应用研究 [D]. 桂林：桂林理工大学, 2017.

[139] 张涛, 刘天威, 李富章, 等. 基于改进烟花算法的多目标多机器人任务分配 [J]. 信号处理, 2020, 36(8): 1243-1252.

[140] 徐嘉斌, 张鑫, 张玉振, 等. 基于改进烟花算法的矿用配电网重构 [J]. 工矿自动化, 2018, 44(9): 36-40.

[141] LIU J, ZHENG S, TAN Y. The improvement on controlling exploration and exploitation of firework algorithm[C]. Advances in Swarm Intelligence: 4th International Conference, ICSI 2013, Harbin, China, June 12-15, 2013, Proceedings, Part I 4. Springer Berlin Heidelberg, 2013: 11-23.

[142] HUANG H, HAO Z, QIN Y. Time complexity of evolutionary programming[J]. Journal of Computer Research and Development, 2008, 45(11): 1850-1857.

[143] TAN Y. Modeling and Theoretical Analysis of FWA[A]//Fireworks Algorithm: A Novel Swarm Intelligence Optimization Method[M]. Springer, Berlin, Heidelberg, 2015.

致 谢

    本书的编辑整理工作得到了多位权威同行的指点,如西湖大学的金耀初教授,北京航空航天大学的段海滨教授,北京大学的谭营教授,南京大学的俞扬教授、钱超副教授,华南理工大学的钟竞辉教授,广东技术师范大学的刘伟莉副教授,陕西师范大学的程适副教授,我在此表示衷心的感谢。本书的编辑工作还得到了多位老师和同学的大力支持,包括贵州民族大学冯夫健教授,广东财经大学张宇山副教授,东莞理工学院杨舒玲博士,华南理工大学智能算法研究中心苏俊鹏、刘丁榕、何同立、郑小辉、郭禧、陈鹏翔和何莉怡等,在此向他们表示深深的谢意。

黄 翰

2024 年 2 月

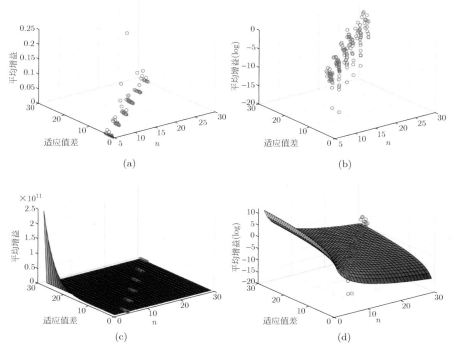

图 2.9　CLPSO 算法求解 f_4(rosenbrock) 函数的平均增益

(a) 平均增益与适应值差和问题规模；(b) 平均增益的对数与适应值差和问题规模；

(c) 对平均增益的曲面拟合；(d) 对平均增益的对数的曲面拟合

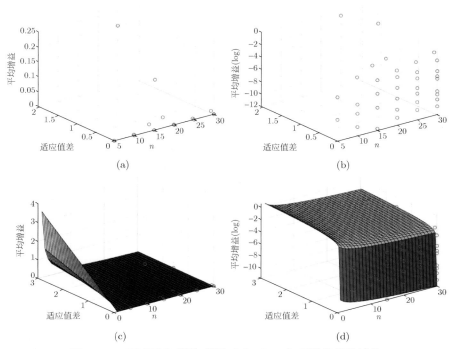

图 2.10　ELPSO 算法求解 f_1(sphere) 函数的平均增益

(a) 平均增益与适应值差和问题规模；(b) 平均增益的对数与适应值差和问题规模；

(c) 对平均增益的曲面拟合；(d) 对平均增益的对数的曲面拟合

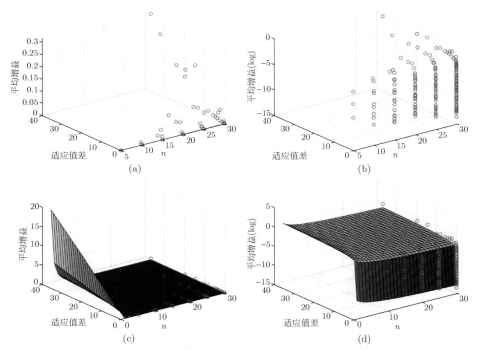

图 2.11　ELPSO 算法求解 f_2(schwefel) 函数的平均增益

(a) 平均增益与适应值差和问题规模；(b) 平均增益的对数与适应值差和问题规模；

(c) 对平均增益的曲面拟合；(d) 对平均增益的对数的曲面拟合

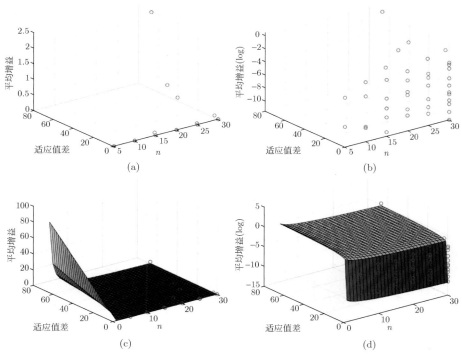

图 2.12　ELPSO 算法求解 f_3(rotated high conditioned elliptic) 函数的平均增益

(a) 平均增益与适应值差和问题规模；(b) 平均增益的对数与适应值差和问题规模；

(c) 对平均增益的曲面拟合；(d) 对平均增益的对数的曲面拟合

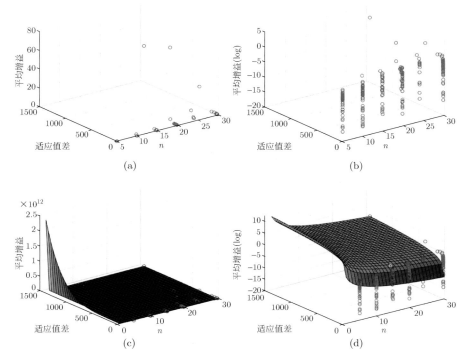

图 2.13 ELPSO 算法求解 f_4(rosenbrock) 函数的平均增益

(a) 平均增益与适应值差和问题规模；(b) 平均增益的对数与适应值差和问题规模；

(c) 对平均增益的曲面拟合；(d) 对平均增益的对数的曲面拟合

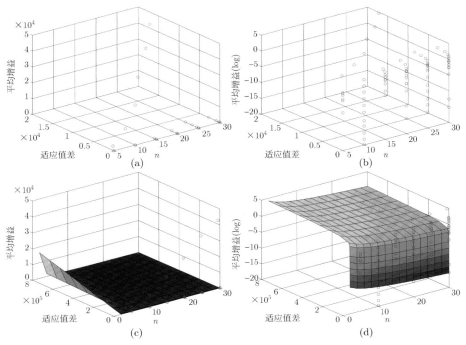

图 4.1 BSO 算法求解 f_1(sphere) 函数的平均增益

(a) 平均增益与适应值差和问题规模；(b) 平均增益的对数与适应值差和问题规模；

(c) 对平均增益的曲面拟合；(d) 对平均增益的对数的曲面拟合

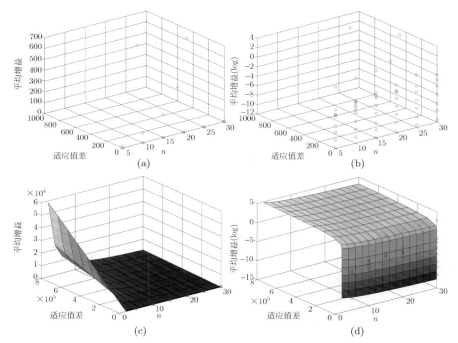

图 4.2　BSO-OS 算法求解 f_1(sphere) 函数的平均增益

(a) 平均增益与适应值差和问题规模；(b) 平均增益的对数与适应值差和问题规模；

(c) 对平均增益的曲面拟合；(d) 对平均增益的对数的曲面拟合

运行结果

$$12.829 \times n^{0.302} \ln\left(\frac{X_0}{\varepsilon}\right) + 1$$

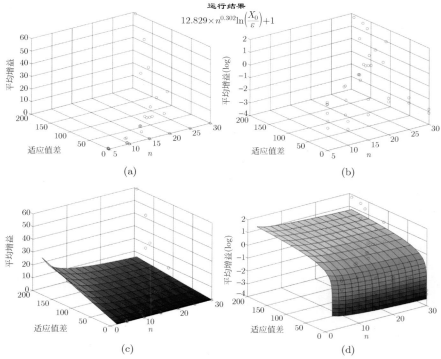

图 5.1　鸽群优化算法求解 f_1(sphere) 函数的平均增益

(a) 平均增益与适应值差和问题规模；(b) 平均增益的对数与适应值差和问题规模；

(c) 对平均增益的曲面拟合；(d) 对平均增益的对数的曲面拟合

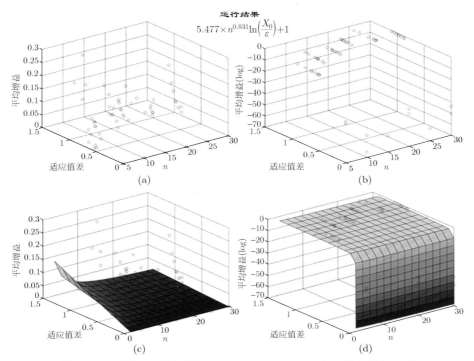

图 5.2 鸽群优化算法求解 f_2(schwefel's P221) 函数的平均增益

(a) 平均增益与适应值差和问题规模；(b) 平均增益的对数与适应值差和问题规模；

(c) 对平均增益的曲面拟合；(d) 对平均增益的对数的曲面拟合

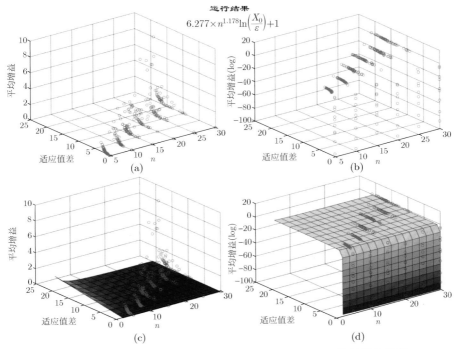

图 5.3 鸽群优化算法求解 f_3(schwefel's P222) 函数的平均增益

(a) 平均增益与适应值差和问题规模；(b) 平均增益的对数与适应值差和问题规模；

(c) 对平均增益的曲面拟合；(d) 对平均增益的对数的曲面拟合

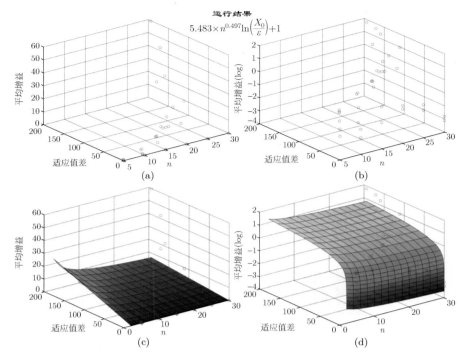

图 5.4　鸽群优化算法求解 f_4(quartic noise) 函数的平均增益

(a) 平均增益与适应值差和问题规模；(b) 平均增益的对数与适应值差和问题规模；
(c) 对平均增益的曲面拟合；(d) 对平均增益的对数的曲面拟合

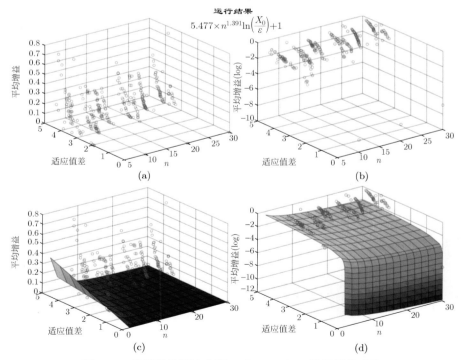

图 5.5　鸽群优化算法求解 f_5(ackley) 函数的平均增益

(a) 平均增益与适应值差和问题规模；(b) 平均增益的对数与适应值差和问题规模；
(c) 对平均增益的曲面拟合；(d) 对平均增益的对数的曲面拟合

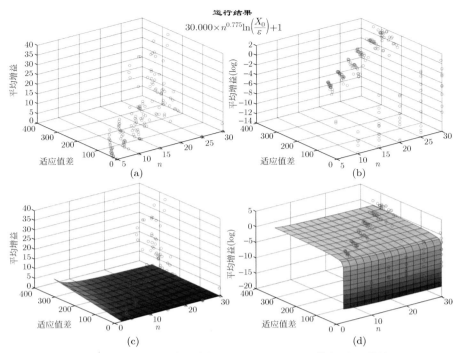

$$30.000 \times n^{0.775} \ln\left(\frac{X_0}{\varepsilon}\right) + 1$$

图 5.6 鸽群优化算法求解 f_6(rastrigin) 函数的平均增益

(a) 平均增益与适应值差和问题规模；(b) 平均增益的对数与适应值差和问题规模；

(c) 对平均增益的曲面拟合；(d) 对平均增益的对数的曲面拟合

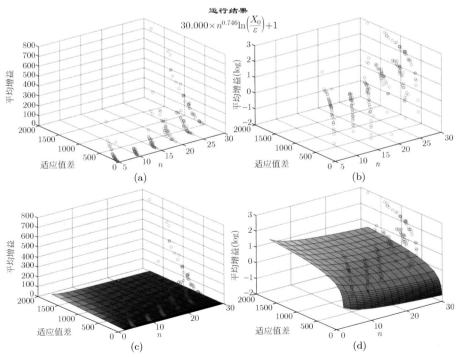

$$30.000 \times n^{0.746} \ln\left(\frac{X_0}{\varepsilon}\right) + 1$$

图 5.7 鸽群优化算法求解 f_7(rosenbrock) 函数的平均增益

(a) 平均增益与适应值差和问题规模；(b) 平均增益的对数与适应值差和问题规模；

(c) 对平均增益的曲面拟合；(d) 对平均增益的对数的曲面拟合

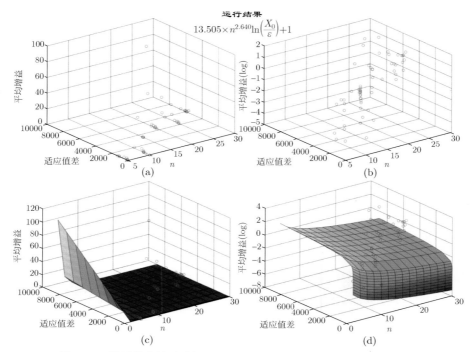

图 5.8　鸽群优化算法求解 f_8(schwefel's P226) 函数的平均增益

(a) 平均增益与适应值差和问题规模；(b) 平均增益的对数与适应值差和问题规模；
(c) 对平均增益的曲面拟合；(d) 对平均增益的对数的曲面拟合

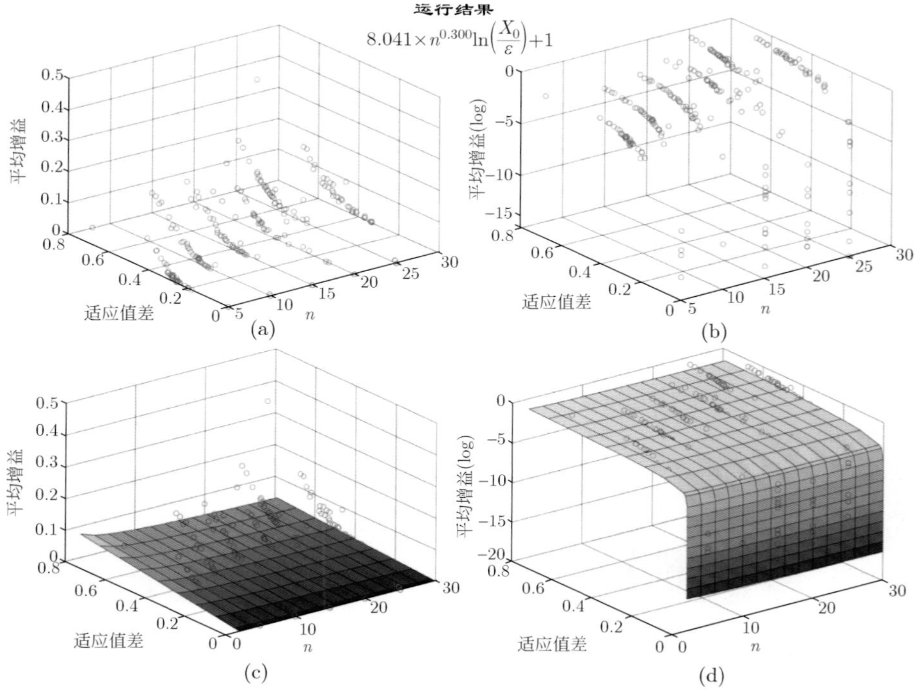

图 5.9　鸽群优化算法求解 f_9(griewank) 函数的平均增益

(a) 平均增益与适应值差和问题规模；(b) 平均增益的对数与适应值差和问题规模；
(c) 对平均增益的曲面拟合；(d) 对平均增益的对数的曲面拟合

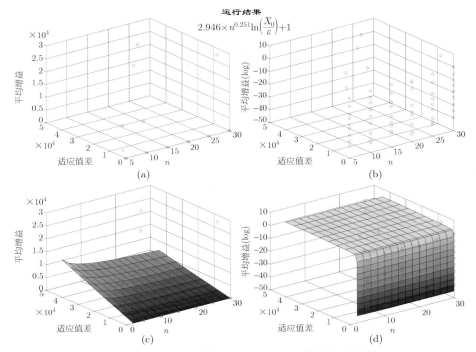

图 6.2　FWA 求解 f_1(sphere) 函数的平均增益

(a) 平均增益与适应值差和问题规模；(b) 平均增益的对数与适应值差和问题规模；
(c) 对平均增益的曲面拟合；(d) 对平均增益的对数的曲面拟合

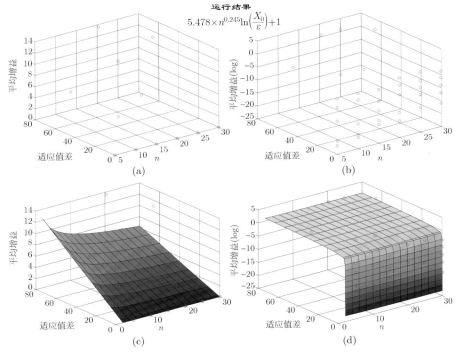

图 6.3　FWA 求解 f_2(schwefel's P221) 函数的平均增益

(a) 平均增益与适应值差和问题规模；(b) 平均增益的对数与适应值差和问题规模；
(c) 对平均增益的曲面拟合；(d) 对平均增益的对数的曲面拟合

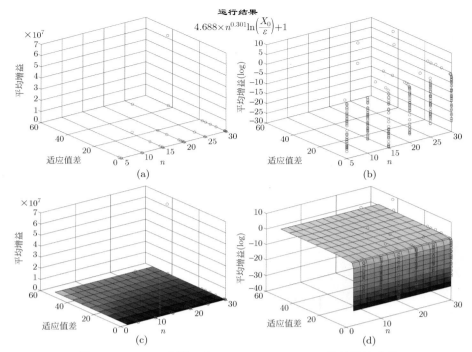

图 6.4 **FWA** 求解 f_3(schwefel's P222) 函数的平均增益

(a) 平均增益与适应值差和问题规模；(b) 平均增益的对数与适应值差和问题规模；

(c) 对平均增益的曲面拟合；(d) 对平均增益的对数的曲面拟合

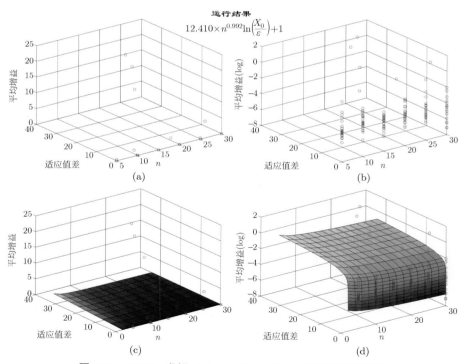

图 6.5 **FWA** 求解 f_4(quartic noise) 函数的平均增益

(a) 平均增益与适应值差和问题规模；(b) 平均增益的对数与适应值差和问题规模；

(c) 对平均增益的曲面拟合；(d) 对平均增益的对数的曲面拟合

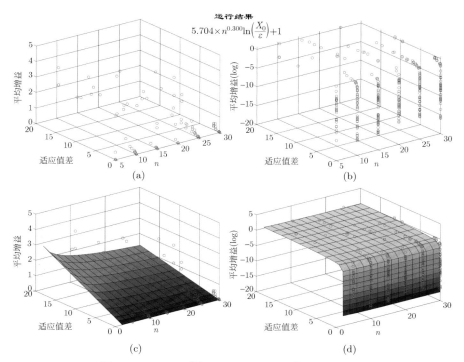

图 6.6   FWA 求解 f_5(ackley) 函数的平均增益

(a) 平均增益与适应值差和问题规模；(b) 平均增益的对数与适应值差和问题规模；
(c) 对平均增益的曲面拟合；(d) 对平均增益的对数的曲面拟合

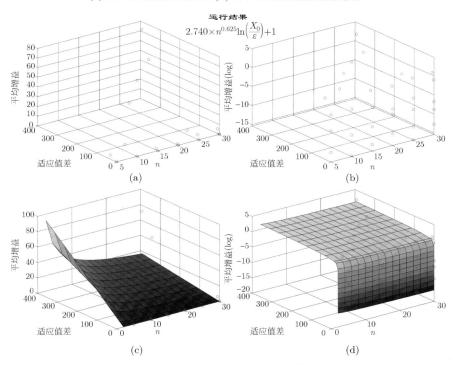

图 6.7   FWA 求解 f_6(rastrigin) 函数的平均增益

(a) 平均增益与适应值差和问题规模；(b) 平均增益的对数与适应值差和问题规模；
(c) 对平均增益的曲面拟合；(d) 对平均增益的对数的曲面拟合

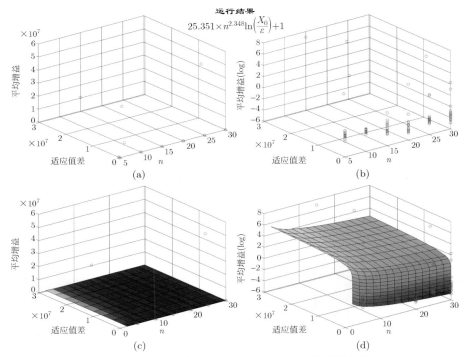

图 6.8　FWA 求解 f_7(rosenbrock) 函数的平均增益

(a) 平均增益与适应值差和问题规模；(b) 平均增益的对数与适应值差和问题规模；

(c) 对平均增益的曲面拟合；(d) 对平均增益的对数的曲面拟合

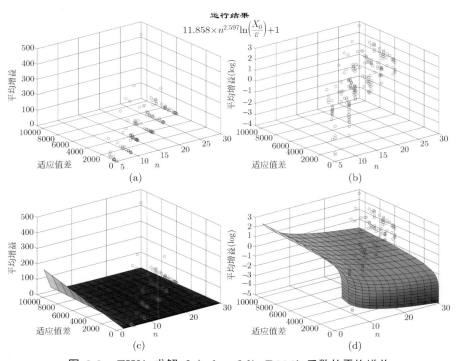

图 6.9　FWA 求解 f_8(schwefel's P226) 函数的平均增益

(a) 平均增益与适应值差和问题规模；(b) 平均增益的对数与适应值差和问题规模；

(c) 对平均增益的曲面拟合；(d) 对平均增益的对数的曲面拟合

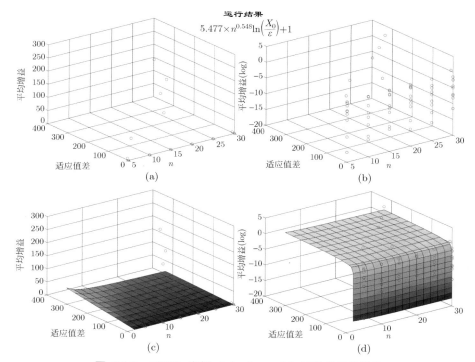

图 6.10　FWA 求解 f_9(griewank) 函数的平均增益

(a) 平均增益与适应值差和问题规模；(b) 平均增益的对数与适应值差和问题规模；

(c) 对平均增益的曲面拟合；(d) 对平均增益的对数的曲面拟合